"十四五"职业教育国家规划教材

U0734592

高等院校艺术设计精品系列教材

室内软装设计

居住与公共空间风格 元素 流程 方案设计 第3版

项目教程

许秀平 编著

人民邮电出版社
北京

图书在版编目（CIP）数据

室内软装设计项目教程 ：居住与公共空间风格 元素 流程 方案设计 / 许秀平编著. -- 3 版. -- 北京 ：人民邮电出版社，2025. --（高等院校艺术设计精品系列教材）. -- ISBN 978-7-115-65783-1

Ⅰ. TU238.2

中国国家版本馆 CIP 数据核字第 2024GZ0158 号

内 容 提 要

本书主要介绍室内软装设计的基础知识，帮助读者提升软装设计能力。本书分为两篇：第一篇为软装设计理论基础篇，包括软装的概念与发展趋势、软装设计师的职业素养、软装设计风格、软装元素、软装排版方案的制作及软装设计禁忌、软装管理流程；第二篇为软装设计项目实战篇，包括居住空间软装设计和公共空间软装设计。本书内容全面，对各种软装设计风格的文化背景、典型元素、空间搭配等做了讲解，辅以丰富、典型的图例，使读者一目了然。项目实战以概念方案的形式全面展示了设计过程和设计细节。读者扫描本书给出的二维码，即可查看与内容相对应的扩展图集，以便更深入地理解设计内容。

本书可作为高等院校、高等职业院校建筑装饰、环境艺术等专业软装设计、陈设设计课程的教材，也可作为建筑装饰工程技术人员的参考书。

◆ 编　　著　许秀平
　责任编辑　恭竟平
　责任印制　王　郁　彭志环

◆ 人民邮电出版社出版发行　　北京市丰台区成寿寺路 11 号
　邮编　100164　　电子邮件　315@ptpress.com.cn
　网址　https://www.ptpress.com.cn
　临西县阅读时光印刷有限公司印刷

◆ 开本：880×1230　1/16
　印张：13.25　　2025 年 2 月第 3 版
　字数：310 千字　　2025 年 6 月河北第 3 次印刷

定价：89.80 元

读者服务热线：(010)81055256　印装质量热线：(010)81055316
反盗版热线：(010)81055315

前言

室内软装设计是伴随着室内装修技术的发展而发展的。随着生活水平的提高，人们对生活品质有了更高的追求，对居住环境的要求也越来越高，变得更加注重居住环境的美观与舒适。室内软装作为室内装修的一部分，也逐渐发展成一个独立的行业。本书基于优质室内设计教材的稀缺性、装饰行业人才素养提高的迫切性等因素而编写，旨在培养具有一定软装设计理念，同时具有软装搭配能力、创意设计能力、工艺实施能力的实用人才。

本书全面贯彻党的二十大精神，以社会主义核心价值观为引领，传承中华优秀传统文化，坚定文化自信，使内容更好地体现时代性，把握规律性，富于创造性。本书在内容选取方面，力求细致全面、重点突出；在文字叙述方面，力求言简意赅、通俗易懂；在案例设计方面，强调案例的针对性和实用性。具体而言，本书分为两篇，即软装设计理论基础篇和软装设计项目实战篇。以下是本书的内容导图。

- 软装设计理论基础篇 →
  - 软装的概念与发展趋势
  - 软装设计师的职业素养
  - 软装设计风格
  - 软装元素
  - 软装排版方案的制作及软装设计禁忌
  - 软装管理流程
- 软装设计项目实战篇 →
  - 居住空间软装设计 →
    - 新中式风格软装设计
    - 意式轻奢风格软装设计
  - 公共空间软装设计 →
    - 酒店软装设计
    - 咖啡厅软装设计

为了方便教师教学，本书配备了PPT课件、教学大纲、教案、扩展图集等丰富的教学资源，用书教师可在人邮教育社区（www.ryjiaoyu.com）免费下载。

由于编者水平有限，书中难免存在不足和疏漏之处，敬请读者批评指正。

编　者

2024年9月

目录

软装设计理论基础篇

第 1 章 | 软装的概念与发展趋势 / 003

第 2 章 | 软装设计师的职业素养 / 009

2.1 软装设计师应具备的基本能力和素养 / 010

2.2 低碳理念下人们的生活方式需求分析 / 012

第 3 章 | 软装设计风格 / 015

3.1 中式风格 / 016

3.2 美式风格 / 020

3.3 法式风格 / 025

3.4 英式风格 / 030

3.5 意式风格 / 032

3.6 自然风格 / 034

3.7 侘寂风格 / 035

3.8 东南亚风格 / 036

3.9 地中海风格 / 038

3.10 日式风格 / 040

3.11 北欧风格 / 041

3.12 现代风格 / 042

3.13 后现代风格 / 047

3.14 Loft风格 / 049

第 4 章 | 软装元素 / 051

4.1 色彩 / 052
4.2 家具 / 061
4.3 布艺 / 072
4.4 灯具 / 083
4.5 花品 / 092
4.6 饰品 / 097
4.7 墙饰 / 108

第 5 章 | 软装排版方案的制作及软装设计禁忌 / 115

5.1 软装排版方案的制作 / 116
5.2 软装设计禁忌 / 121

第 6 章 | 软装管理流程 / 123

6.1 软装公司的项目流程 / 124
6.2 软装预算及合同制作 / 126

软装设计项目实战篇

第 7 章 | 居住空间软装设计 / 135

项目一 新中式风格软装设计 / 136
项目二 意式轻奢风格软装设计 / 158

第 8 章 | 公共空间软装设计 / 171

项目一 酒店软装设计 / 172
项目二 咖啡厅软装设计 / 189

WALTER FINANCE

软装设计理论基础篇

本篇知识要点

- 软装的概念与发展趋势
- 软装设计师的职业素养
- 软装设计风格
- 软装元素
- 软装排版方案的制作及软装设计禁忌
- 软装管理流程

第 1 章

软装的概念与发展趋势

随着生活水平的提高，人们对生活品质有了更高的追求，软装正是为提高人们的生活品质而出现的，它是人们生活的一部分，是生活的艺术。

在现代生活中，人们都希望能凸显自己的个性和品位。室内软装设计为人们创造了优美、舒适的环境，从窗帘、纱幔到地毯，都可以柔化、弱化、重组室内空间的棱角；工艺品的摆放能在不经意间流露出一种生活态度，彰显主人的品位和内涵；而色彩、灯光、材料的应用又能营造不同的室内氛围，表达主人丰富的情感。

▼ 室内软装示例

软装就是根据特定的室内空间的功能、位置、环境、气候，以及主人的格调、爱好等各种要素，利用家具、灯具、布艺、饰品等各种软装元素，通过设计、挑选、搭配、加工、安装、陈列等过程来营造空间氛围的一种创意行为。

▶ 软装是在硬装的基础上进行的，因此首先要了解硬装的风格特征，再进行软装搭配

◀ 在软装设计方案定稿后，先对家具、灯具进行摆场

▶ 家具、灯具摆场后，再对布艺、饰品进行陈设，营造空间整体氛围

软装设计是一个系统工程，包括设计、采购、物流、摆场、现场验工等阶段。

设计 → 采购 → 物流 → 摆场 → 现场验工

▲ 软装设计的流程

在国外，室内设计的后期工作大多是由室内设计师完成的，但由于国内室内设计行业起步较晚，设计重心基本在建筑与空间结构方面，无法满足许多因经济快速发展而产生的高端消费业主群体对室内软装的需求，因此我国的室内设计领域逐渐细分出一个全新的行业——软装设计。

其实软装设计可以看作室内设计的一部分。为顺应市场需求，目前出现了许多脱离室内设计公司而独立存在的软装设计公司。但随着国内室内设计领域整体发展的加速，软装设计与室内设计的距离必然会越来越近，二者终将合为一体。

第 2 章

软装设计师的职业素养

每一种装修风格都体现了相关国家和民族的风土人情、生活方式、文学艺术、行为规范和价值观念。软装设计师只有不断提高职业素养，提升职业技能，潜心研究软装文化，经过岁月的积累和沉淀，才能慢慢融会贯通，形成更加舒适、更具特色的设计风格。

2.1 软装设计师应具备的基本能力和素养

一名优秀的软装设计师应该是复合型人才，需要把不同领域的专业知识合理地整合运用到软装设计中。

1. 软装设计师应具备良好的个人形象和艺术文化修养

软装设计师的创意是一种无形的产品，软装设计师其实就是在销售自己的创意，因此，良好的个人形象能够帮助软装设计师提高客户对其的信任度。客户对软装设计师的第一印象对软装设计师来说非常重要，因此，软装设计师需要注重自己的衣着打扮，有时可适当用一些配饰（如帽子、丝巾、手链等），不建议穿奇装异服。另外，软装设计师还需要有一定的艺术文化修养，懂得不同地域的文化差异，清楚各种装修风格的设计原理，结合自己的生活体验，在作品中灵活把握各种风格的文化元素。

2. 软装设计师应具有深厚的美学基础和较高的专业水平

软装设计师要懂得发现美、创造美，要拥有深厚的美学基础和较高的专业水平，这样才能给客户带来安全感。很多客户会在交谈时考察设计师的专业水平，因此软装设计师要在与客户的交流中展示出自身的专业水平，或用熟练的手绘展示构思，或适当用专业术语描述硬装中需要改善的不足之处，这样才能抓住客户的心理，让客户产生佩服甚至崇拜之感。

3. 软装设计师应具有敏锐的时尚嗅觉

软装设计师需要具有设计情趣和较强的时尚感知力，努力做到多听、多看、多感受。一个人的穿着打扮、家居装饰甚至生活习惯被大多数人模仿，这种现象叫作流行，而流行的事物往往能够带给人时尚的感受并受到大多数人的欢迎。因此，在软装设计中添加一些客户喜欢的时尚元素，会大大提高客户对作品的满意度，最终带给客户更多正面的情绪影响。

4. 软装设计师应具有良好的表达能力和交流沟通能力

大多数客户不具备较强的审美能力，这就需要软装设计师拥有一定的表达能力和交流沟通能力，以引导客户发现美，尽可能使自己的设计构思不被质疑，帮助客户确定合适的设计方案。

5. 软装设计师应懂得软装设计与硬装设计要完美结合

软装设计是室内设计过程的最后一个环节。软装设计不是独立存在的，它与硬装设计相辅相成。硬装设计师通过对客户意向的分析来确定一个设计主题，软装设计师需要做的是配合硬装设计师更好地营造这个主题的氛围，绝不能孤立地去做软装搭配。

6. 软装设计师应了解装饰元素

软装设计师在设计装饰方案时，一般是根据设计主题来选择装饰材料和物品的。设计主题是无形的，而装饰材料和物品都是有形的，且数量、种类有限，因此软装设计师需要非常了解各种装饰材料和物品（只有足够数量的装饰材料和物品的颜色、质感、规格、价格等特点印在软装设计师的头脑里，或是保存在计算机里以后，软装设计师才能迅速找到符合设计主题的装饰材料和物品），有时甚至需要对装饰材料和物品的制作和生产工艺有一定的了解。只有对装饰元素有充分的了解，软装设计师才能更好地实现设计主题所指引的最终效果。

7. 软装设计师应能设计出漂亮的作品

漂亮的作品能使客户信任软装设计师。客户因受到视觉刺激产生一些正面情绪的时候，会情不自禁地说“漂亮”“好看”。软装设计师可以通过色彩、层次、造型、光影等来加强作品的视觉效果，从而引导客户产生正面情绪。

8. 软装设计师应具备较强的市场营销能力

软装设计师不仅要设计出好的方案，更要懂得推销自己的方案。

2.2 低碳理念下人们的生活方式需求分析

有什么样的价值观，就有什么样的生活态度和生活行为，也就有什么样的生活方式。在低碳理念下，人与自然和谐相处的观念是引领低碳生活方式的根本思想基础。近年来，地球环境越来越恶化，因而越来越多的人开始接受低碳生活方式。在低碳理念下，那些顺应了大众对精神家园的需求的软装产品，逐渐引领着现代城市的高端居住模式朝着低碳、极简的设计风格转变。

①智能家居产品和清洁能源的应用。随着经济和科学技术的快速发展，越来越多的智能家居产品走进了大家的视野，各种节能设计应用到软装设计中。科技智能的先进理念在室内设计中整体实现，清洁能源的应用成为社会发展的趋势，越来越多的人认同低碳环保的设计装修理念。

②环保意识的提升。社会的快速发展，使人们更加趋向于从经济、健康和长远的角度去思考、解决问题。低碳环保的设计装修理念是一种潮流，更是一种需求。

▲ 极简设计

▲ 极简低碳的设计风格已成为现阶段的主流风格

第 3 章

软装设计风格

那些易更换、易变动位置的家具、灯具、窗帘、地毯、挂画、花艺、绿植等，根据不同地域文化相互组合，形成了各自独有的情调和风格。

软装设计风格是利用那些易更换、易变动位置的物品（包括家具、灯具、窗帘、地毯、挂画、花艺、绿植等），根据不同的地域文化、人文生活、特有的建筑设计风格与相关元素进行设计，从而形成的装修风格。软装设计风格没有特定的划分标准，以下是常见的一些风格。

3.1 中式风格

1. 中式传统风格

中式传统风格是以宫廷建筑为代表的中国古典建筑的软装设计风格，其特点是气势恢宏、壮丽华贵、金碧辉煌，重视文化意蕴，造型讲究对称；图案以龙、凤、龟、狮等为主，精雕细琢、瑰丽奇巧；空间讲究层次，多用隔窗、屏风来分割；巧用字画、古玩、卷轴、盆景等加以点缀；吸取传统装饰“形”“神”的特征，以传统文化内涵为设计元素，体现了中国传统家居文化的独特魅力。

▲ 中式传统风格最有灵魂的就是雕刻，每一道纹理都记录着岁月的痕迹，生机盎然的绿植放在古朴的茶几上显得格外清新，整个空间宁静而又惬意

2. 新中式风格

新中式风格是中式传统风格在当今时代背景下的演绎，是基于对中国当代文化的充分理解而创造的软装设计风格，而不是相关元素的简单堆砌。简单来说，新中式风格是根据传统文化和艺术内涵对传统元素进行提炼和简化，从功能、美观性、文化出发，将现代元素与传统元素相结合，以现代人的审美需求打造富有传统韵味的空间，对材料、结构、工艺进行再创造，让传统艺术通过现代手法得以体现。

▲ 新中式风格设计图集

▲ 家具的设计别具一格，在简单时尚的基础上增加了中国画元素，让新中式风格体现得恰到好处

▲ 具有东方韵味的新中式风格

▲ 具有时代感的屏风设计，简单大气的家具造型和空间格局，使整个空间既有中式韵味，又有现代的时尚感

▲ 复古怀旧的画与木艺相得益彰，加上古朴的陶艺和精致的花艺做点缀，使人仿佛回到了古代文人雅致的生活

▲ 充满禅意的新中式风格

▲ 花鸟图案的屏风设计，使现代家居环境中多了几分中式韵味

3. 中式田园风格

中式田园风格强调的是自然、静谧、和谐，如江南水乡的风格，室内采用大量的木结构装饰，室外则通过假山、水景、金鱼池等景致表现。在家具的选择上，应以纯实木为骨架，适当配以中国传统装饰元素，如陶瓷、竹子和象征性的图腾等，从而体现出中式田园风格自然、和谐的特点。

▲ 清新自然的中式田园风格，身在其中，仿佛在大自然中徜徉

◀ 石头、绿植、水等自然元素的应用，让人仿佛进入大自然的怀抱，感到心旷神怡

3.2 美式风格

美式风格一般分为美式古典风格、美式乡村风格、美式现代风格、美式西部风格和美式工业风格等。

1. 美式古典风格

美式古典风格是在欧洲风格的基础上融合美国本土的风俗文化而形成的，其最大的特点是华丽、大气又不失自在和随意。美式古典风格的家具体积较大、舒适性强、牢固耐用，且具有丰富的功能，整体颜色看上去比较厚重、深沉，具有贵族气息。

▲ 美式古典风格

2. 美式乡村风格

美式乡村风格提倡回归自然，追求悠闲、舒适、自然的田园生活情趣，常用一些天然材料（如木头、石头、藤、竹等）质朴的纹理营造出自然、简朴、高雅的氛围。同时，美式乡村风格有务实、规范、成熟的特点。布艺是美式乡村风格中主要运用的元素，色彩上以淡雅的板岩色和古董白色居多，外观雅致。

▲ 板岩色的实木家具具有质朴的纹理，条纹的布艺沙发及随意搭放的布艺能够给人带来几分悠闲与舒适之感

▲ 木质家具与布艺的结合给人以简朴而悠闲的感觉，低调的木质吊灯更为整个空间增添了几分田园生活的自然情趣

3. 美式现代风格

美式现代风格建立在对美式古典风格的新认识之上，其强调简洁、明晰的线条和优雅、得体、有度的装饰，给人的感受是低调而大气。

▲ 美式现代风格

4. 美式西部风格

美式西部风格是美国西部乡村的生活方式演变到今天形成的一种软装风格，它古典中带有一点随意，摒弃了过多烦琐与奢华的细节，兼具古典主义的优美造型与新古典主义的功能性。

▲ 美式西部风格

5. 美式工业风格

美式工业风格起源于19世纪末的欧洲，其不但提倡使用质地轻巧、不易生锈的家具，而且崇尚实用、价廉。美式工业风格的特征是家具、饰品多为金属结合物，其上还有焊接点、铆钉等暴露在外的结构组件，在设计上融入了更多具有装饰性的曲线。

▲ 美式风格图集

▲ 美式工业风格

3.3 法式风格

法式风格具有浪漫的色彩，布局上突出轴对称，气势恢宏，高贵典雅。法式风格在家具设计方面得到了最集中的体现，家具在细节处理上多用雕花、线条，制作工艺精细考究，外观造型庄重大方、典雅气派。法式风格从整体上避开了暗沉的色调，摆脱了沉重之气，以明亮色系居多，更具浪漫气息。法式风格通常可分为法式古典风格、法式现代风格、法式新古典风格和法式乡村风格等。

1. 法式古典风格

（1）巴洛克风格

巴洛克风格从整体上突出庄严、豪华、宏伟的气势，强调多种艺术形式的综合表现，重视装饰与雕刻、绘画的结合，以及各种工艺和材料的综合运用；追求外形的自由感和动感，强调立面与空间的起伏；充满激情。

▲ 家具在细节处理上使用雕花，工艺精细，使用深浅不一的褐色，整体造型霸气而沉稳

▲ 沉稳的色彩及厚重的质感使家具显得庄严，细节处的雕刻豪华而气派，呈现出典型的巴洛克风格

（2）洛可可风格

洛可可风格华贵唯美，打破了艺术上对称、均衡、朴实的规律，完美演绎了古典风格的精髓。在室内的装饰设计上，洛可可风格以复杂自由的波浪线条为主势，崇尚自然，常用C形、S形、漩涡形等形式的装饰线条，带有轻松、优雅的运动感。室内装饰则通常运用镶嵌画和镜子，形成一种轻快精巧、优美华丽、闪耀虚幻的效果。

洛可可风格的装饰常用涡卷、水草、植物等题材的曲线花纹，局部以人物点缀；色彩以白色、金色、粉色、粉绿色、粉黄色等娇嫩的色调为主，色泽柔和；室内空间常采用饰金手法营造金碧辉煌的效果。洛可可风格的家具以不对称的轻快纤细的曲线和精细纤巧的雕饰为主要特征，以曲线和弯角为主要造型基调，以研究中国漆为基础，发展出一种既有中国风特点又有欧洲风格特点的流行涂饰技法。

▲ 嫩粉色的贵妃椅有着纤细柔美的曲线，加上精细纤巧的雕饰，处处展示着女性的气质，呈现出典型的洛可可风格

▲ 家具采用饰金手法营造华贵的效果，雕刻精致高贵，造型在相对对称中寻求变化，线条柔美纤巧

2. 法式现代风格

法式现代风格既拥有法式风格的浪漫基调，又具有现代风格简约的特点，家具造型独特，注重曲线美。

▲ 曲线元素在现代法式风格中的应用

3. 法式新古典风格

新古典主义作为一个独立的流派，最早出现于18世纪中叶欧洲的建筑装饰设计界。从法国开始，革新派设计师开始对传统风格的作品进行改良简化，摒弃了巴洛克风格和洛可可风格所追求的新奇和浮华，基于对古典主义新的认识，强调简洁、明晰的线条和优雅、得体、有度的装饰，用简化手法、现代新材料和先进的工艺技术探求传统的内涵，以装饰效果的庄重来增强历史文化底蕴。新古典主义重新诠释了传统文化的精神内涵，法式新古典风格的作品简洁、柔美，具有明显的时代特征，同时保留了法式古典风格的作品典雅端庄的高贵气质。

▲ 法式布艺贵妃椅造型独特，曲线柔美，局部用金色做点缀，低调中带有一丝奢华

▲ 曲线的床头背景造型、古典而不俗的图案，再加上石膏材质的雕饰，无不流露出法式的浪漫情怀

4. 法式乡村风格

法式乡村风格常使用温馨简单的颜色及朴素的家具，强调以人为本，尊重自然，少了一点美式乡村风格的粗犷和英式风格（见3.4节）的厚重与浓烈，多了一点大自然的清新和普罗旺斯的浪漫。

▲ 法式风格图集

▲ 不同色调的组合使空间显得非常低调、柔和，家具没有太多的装饰，更没有金银的镶嵌，呈现出朴实的法式乡村风格

▲ 曲线柔美的座椅，清新淡雅的色调，配以花卉、铁艺的装饰，有着法式的浪漫情怀

▲ 以铁艺与植物作为主要装饰元素，餐桌布置得浪漫而温馨，窗户的设计休闲、自然，整个空间令人感到舒适悠闲

3.4 英式风格

英式风格以各个历史时期被视为经典的一系列古老的视觉元素为基础，多使用红木、胡桃木和橡木做成的造型典雅、精致的深色家具，往往注重在极小的细节上营造出新意，尽量表现出装饰的新和美，常采用框架镶板结构及典型的窗格花式。

▶ 高贵典雅的英式古典风格，淳朴中蕴含精致，尽显奢华与气派

▲ 玫红色的沙发美观大方，具有英式特征，给人沉稳典雅的感觉

▲ 厚实的英式家具与复古蓝色的搭配稳重而贵气

英式田园家具以奶白、象牙白等白色为主，材料多为松木、椿木、桦木、楸木等，内板为高档的环保中纤板，造型优雅，散发出从容淡雅的生活气息。英式田园家具的特点主要在于华美的布艺及纯手工工艺，布面花色秀丽，以纷繁的花卉图案为主。碎花、条纹、苏格兰图案是英式田园家具的永恒主调。

▶ 沙发座面及靠背采用苏格兰图案，具有英式特征；空间色调统一，十分淡雅

3.5 意式风格

意式风格有一种沉稳大气的精英感，看似简洁大方的外表下，却能折射出一种隐藏的贵族气质，但又低调、沉稳、高贵，能营造出高级而不奢华的质感。意式风格代表着一种生活态度，现代化、极简，同时又不缺乏浪漫、唯美与优雅。

意式极简风格是目前比较受欢迎的一种意式风格。意式极简风格就是将意大利家具设计样式或格调与极简的特点相融合，主张个性舒适、线条简约，搭配出既有个性又很浪漫的软装风格。

意式极简风格的设计要点

①意式极简风格以黑色、白色、灰色、米色、咖色为主，点缀色可以选择稍艳的颜色，但不宜过多。

②意式极简风格以直线为主，给人以方正的感觉。背景墙、柜子、沙发、餐桌等以方形为主，可以加入少量曲线元素，如灯具或茶几等可以采用曲线造型。造型可以多变，材质也可以多样化。

③地砖可偏奢华一点，可选用大花纹的亚光石材砖。岩板应用广泛，其通常用于餐桌和茶几，以彰显意式风格的轻奢。

④意式极简风格的光线主要来源于线型光源，由于无主灯，为保证整个空间光线充足，背景、柜子内部、地台下方等处需要进行光源设计。

⑤柜子一般采用纯色、肤感、无拉手设计，以彰显极简的风格特征。墙柜一体化的设计，加上高级的胡桃木色，可以瞬间拉高空间格调。

⑥意式极简风格的沙发一般都是各式各样的豆腐块沙发，这类沙发可以在视觉上拉大纵向空间的比例和房子的层高，使整个空间显得更大气。在布艺选择上，地毯一般选用大块的平绒或短绒材质，花纹不宜太浮夸，应以简洁为主。

▲ 低调、沉稳、高贵的意式极简风格，代表着一种生活态度

3.6 自然风格

人类在不断开疆拓土的同时，对自然元素也充满向往，希望能从自然环境中获得平静与安宁。在表现自然风格时，软装设计师一般选择让人感到安宁的自然元素，如木材、棉、皮革、岩石等，形成空间内独特的风格。例如，打造一面充满崎岖感、由自然岩石组成的原始墙壁，会让人有身在户外的感觉。我们通常所说的田园风格、乡村风格，也属于自然风格，如托斯卡纳风格。

托斯卡纳风格是典型的意大利乡村风格，简朴而优雅。托斯卡纳建筑是意大利建筑的代表，它会让人想起沐浴在阳光里的山坡、农庄、葡萄园，以及朴实富足的田园生活。托斯卡纳以其美丽的风景和丰富的艺术遗产而著称，它被认为是文艺复兴的发祥地，涌现出了以但丁、达·芬奇、米开朗琪罗和拉斐尔为代表的一批杰出的文学家和艺术家。如象牙般的白垩、金色的阳光、深绿色的森林、红色的土壤、大片的葡萄园和牧场，以及浅绿色的橄榄树果园等，都是托斯卡纳风格的设计元素。室内多使用赤陶花器、石雕花器等装饰物，以营造自然而又舒适的居住空间。

▲ 自然风格图集

▲ 艺术来源于生活。将农用的藤编或竹编的篮子放到现代自然家居环境中，显得那么和谐且具有生活气息，同时又不失现代时尚感

▲ 浅绿色的橱柜让人想起橄榄树果园，厨房的墙面用不规则的砖石拼贴而成，其色彩与地面及中岛台的面板色彩相统一，加上铁艺的田园吊灯，整个空间既原始又有质感，散发出浓浓的田园味道

▲ 墙面中性且做旧的岩土色，与淳朴的橄榄绿形成对比，低调却不失内涵。整个空间简朴幽雅，呈现出典型的意大利乡村风格

3.7 侘寂风格

侘寂风格是比较偏向自然的一种风格。“侘寂”的原意是简陋，是一种不刻意突出装饰和外表，强调事物质朴的内在，并且能够经历时间考验的本质的美。它一般指朴素又安静的事物，描绘的是残缺之美。“侘”是在简洁安静中融入质朴的美，“寂”是时间的光泽。侘寂风格主要传达的是黯然、枯寂和粗糙，具有哀美之姿的美学特征。

▲ 自然、安静、朴实、质朴是对侘寂风格最好的诠释

3.8 东南亚风格

东南亚风格是一种结合了东南亚民族、岛屿特色的软装设计风格，特点是原始自然、色泽鲜明、崇尚手工。

东南亚风格在造型上以对称的木结构为主，常采用芭蕉叶、砂岩等，旨在营造出浓郁的热带风情；在色彩上以温馨淡雅的中性色为主，局部点缀艳丽的色彩，如红色、紫色、绿色、红褐色等，自然温馨又不失热情华丽；在材料上，多用木头、石块、硅藻泥等演绎原始自然的热带风情；在家具的配置上，多选用厚实大气的实木家具，线条简洁凝练，配以寓意吉祥的花纹，设计简洁，配饰色彩艳丽、别具一格。

▲ 东南亚风格图集

▶ 帷幔是东南亚风格中常用的设计元素，高高挂起的帷幔可以让整个空间的东南亚风情更加浓郁

▲ 顶面采用木条构架组合，体现了原生态；家具采用实木、藤与布艺的组合，简单大方又朴实；空间色调清雅，环境舒适，装饰画与茶几上的饰品更凸显了东南亚风格特征

▲ 藤编的凳子、麻编的地毯，配上植物，处处体现了原生态，并带有浓烈的热带风情。帷幔的点缀让整个空间的东南亚风情更加浓郁

▲ 这套别墅的软装有着浓郁的东南亚风格，十分精致，整体采用柔和的中性色调，柜子和灯具都采用了做旧的色彩，整个空间低调却不失档次

▲ 运用图案精美、做旧颜色的床，加上同色系的床品及装饰画，使整个空间的东南亚特色非常浓郁

▲ 中性色的东南亚家具，加上做旧的效果，使整个空间具有东南亚特色

3.9 地中海风格

地中海风格是最富有人文精神和艺术气息的软装风格之一。自由、自然、浪漫、休闲是地中海风格的精髓。地中海风格的基础是明亮、色彩丰富、简单、具有民族性，有鲜明的特色；这种风格不需要太多的设计技巧，只需要捕捉光线，取材于大自然，大胆而自由地运用色彩、样式。地中海风格通过一些开放性和通透性的建筑装饰语言来表达其自由的精神内涵。而地中海风格最具魅力之处在于其色彩，如西班牙蔚蓝色的海岸与白色的沙滩，希腊的白色村庄及碧海蓝天，意大利南部的向日葵花田流淌在金色的阳光下，法国南部薰衣草飘来的蓝紫色香气，北非特有的沙漠、岩石等自然景观中红褐色、土黄色等浓郁色彩的组合。由于光照充足，这些色彩的饱和度都很高，因此地中海风格的色彩特征就是本色呈现。

▲ 地中海风格

地中海风格的设计要点

①多运用海洋元素，如海蓝色的屋瓦和门窗，搭配贝壳、鹅卵石、船舵等，给人自然、浪漫、舒适的感觉。

②在造型上，广泛运用连续的拱廊、拱门与半拱门，形成一种曲线美。

③在家具的选配上，多采用擦漆做旧或镶嵌的处理方式。

④在材料上，一般选用原木、石材及其他天然元素等，尽量少用木夹板和贴木板等。

⑤在家具的选色上，一般选择自然、柔和的色彩。

⑥在组合设计上，注意各元素的搭配，空间宜选择自由开放型。在柜门等的组合搭配上，应避免琐碎，要让人时刻感受到地中海风格所具有的田园气息和文化品位。

地中海风格常见的色彩搭配

①蓝色与白色。这是最经典也是最常见的地中海风格色彩搭配方案。蓝色的门窗，白色的墙面，蓝白条纹相间的壁纸和布艺，贝壳、细沙混合的手刷墙面，鹅卵石铺成的路面，马赛克镶嵌的装饰画，以及铁艺、器皿、船舵等饰品的点缀，无不体现出自然清新的生活氛围。

②黄色、蓝紫色和绿色。这个色彩搭配如同描绘了黄色的向日葵，以及弥漫在空气中幽幽的薰衣草芬芳，可营造出浪漫、甜蜜、自然的氛围。

③土黄色与红褐色。这是北非沙漠的色彩特征，色彩搭配的粗犷和原始给人一种亲近自然的感觉。

虽然地中海周边国家较多，各国民风也有些差异，但独特的气候特征让各国地中海风格的特点基本一致。

▲ 地中海风格图集

◀ 蓝灰色与灰白色的搭配让空间显得高级

▶ 以灰绿色为主的地中海风格

3.10 日式风格

日式风格并不推崇豪华奢侈、金碧辉煌，而是以淡雅节制、禅意深邃为特征，重视实际功能，讲究空间的流动与分隔，流动指主要空间为一室，分隔指将一个空间分为几个功能空间，空间总是充满无限禅意，可以让人静静地思考。居室一般采用清晰的线条，给人非常幽雅、整洁的感觉，有较强的立体感，总体装修简洁而淡雅。日式风格的屋子一般较通透，人与自然统一，不尚装饰，简约淡雅，空间敞亮，给人以自由感。

日式家具以清新自然、简洁淡雅为主，选材上也非常注重自然质感，能与大自然融为一体，体现出闲适写意、悠然自得的生活境界。日本人跪坐的生活习惯，以及通常使用的低床矮案，让人印象深刻。客厅、餐厅等公共空间多使用沙发、椅子等现代家具，卧室等私密空间则使用榻榻米、灰砂墙、杉板、糊纸格子拉门等传统物品。日本茶道是一种以品茶为主而发展出来的特殊文化，茶道的精神已延伸到茶室内外的布置上。日本茶道已有较久的历史，因此目前日式风格在一些茶室的设计中得到了应用。

▲ 糊纸格子拉门是日式风格中最常用的设计之一；低矮的坐垫显得干净而淡雅；外室中古筝与绿植的点缀使环境更加幽雅，并带有深邃的禅意

▶ 日式家具在设计上偏低矮，丝绸面料与素净的木质底座组合，显得素雅而宁静

3.11 北欧风格

北欧风格是指欧洲北部挪威、丹麦、瑞典、芬兰、冰岛等国的室内设计风格。北欧风格以简洁著称，简约、自然、返璞归真是其最大的特点。北欧风格不使用过多的色彩，一般选择黑色、白色、灰色、米色、原木色或其他比较淡雅的颜色，总体看起来比较柔和。

▲ 北欧风格图集

▶ 家具简洁、自然，完全不使用雕花、纹饰，室内弥漫着一种宁静的北欧风情

▼ 干净的墙面，简洁的沙发造型，黑白的色调，使室内环境简单大方

3.12 现代风格

▲ 现代风格图集

现代风格主要凸显一种年轻感、时尚感、现代感和科技前卫感，强调对比和立体感，多使用钢化玻璃、不锈钢等现代感强的材料来装饰。在现代风格的设计中，颜色的应用比较自由和广泛，常用对比色、点缀色等活跃空间。

现代风格的形成受现代主义建筑影响较大，而下面3位建筑大师对现代主义建筑的影响很大。

现代主义建筑的主要倡导者、机器美学的重要奠基人勒·柯布西耶喜欢用格子、立方体进行设计，还经常用简单的几何图形来强调机械的美，在建筑设计中强调“原始的形体是美的形体”，赞美简单的几何形体。

密斯·凡·德·罗是20世纪中期世界上最著名的4位现代建筑大师之一。作为“钢铁和玻璃建筑结构之父”，他所坚持的“少就是多”的建筑设计哲学，集中反映了他的建筑观点和艺术特色。当然，“少”不是空白，而是精简；“多”不是拥挤，而是没有杂乱的装饰，没有无中生有的变化。在处理手法上，密斯主张流动空间的新概念。密斯的建筑艺术依赖于结构，但不受结构限制，从结构中产生，反过来又要求精心制作结构。

美国著名建筑师弗兰克·赖特对现代主义建筑也有很大的影响。赖特的建筑作品充满着天然气息和艺术魅力，其代表作“流水别墅”表现了他对材料的天然特性的尊重。赖特从小生活在威斯康星峡谷附近，体会到了自然固有的旋律和节奏，产生了崇尚自然的建筑观，提倡“有机建筑”。他对自然的理解也对现代风格的形成产生了一定的影响。

▲ 线条和方形是空间设计的主要元素，方形的茶几、不同方形组合的沙发靠垫、长条纹的背景图案，再加上以线条组合的地毯样式，使整体空间显得时尚大方。以黑色、白色、灰色为主的色调，加上绿色的局部点缀，使空间耐看而又不失活力

▲ 无论是桌椅还是灯具，都没有太多的装饰，空间中的每一个陈设物都有着简单的造型、精简的结构，现代感十足

▲ 砖石与木板的组合使整个空间自然又宁静，且具有原生态之美，这样的环境既让人轻松自在，又具有现代特色

▶ 呈长方体的坐凳，用不同大小的圆做的墙面装饰，简单大方，具有现代感

▲ 这组空间的设计采用了现代风格，整体简约、整洁但并不简单，空间中每一个细节都经过了精心设计，体现了主人的内涵和品位

现代风格还强调简洁、大气，但这并非忽视品质和设计感，而是通过对软装材料的精挑细选，不着痕迹地表露出主人对精致、考究生活的追求。这种风格要求在细节上设计一些意想不到的功能，在看似简洁的外表之下透露出一种隐藏的高贵气质，从而体现一种高品质的生活方式。

▲ 现代风格图集

▲ 在整体简洁、大气的空间环境中加入适当的金属点缀，营造出一种气派而又低调的艺术气质

▲ 暖白色的色调给人温柔、亲切的感觉，令人心情愉悦

3.13 后现代风格

后现代风格是一种从形式上对现代风格进行修正的设计风格。它往往具有一种历史隐喻性，对历史风格采取混合、拼接、分离、简化、变形、解构、综合等方法，运用新材料、新的施工方式和解构构造方法，使空间中充满大量的装饰细节，从而制造出一种含混不清、令人迷惑的情绪。该风格强调空间与空间之间的联系，多用非传统的色彩。

▲ 后现代风格图集

▲ 沙发的造型奇特又新颖，材质的搭配也比较大胆，装饰性极强

▲ 大胆的色彩搭配，有着另类的情感色彩，增强空间视觉冲击力，让空间充满无限活力，这也是后现代风格常用的色彩搭配方法

◀ 以花瓣形状作为设计元素的沙发、桌子

后现代风格中运用得比较多的有波普风格和孟菲斯风格。这两种风格在色彩搭配上具有一定的相似性，即色彩都比较鲜艳，其风格特征分别来自波普艺术和孟菲斯艺术。

波普艺术诞生于20世纪50年代的英国，它试图拉近艺术与生活的距离，强调通俗，注重趣味性和娱乐性，大量运用流行文化中的图案，如名人头像、商标、卡通形象等。波普风格的家具通常会对造型进行夸张处理，例如将椅子设计成巨大的嘴唇或者棒球手套的形状。同时，波普风格的家具常采用高纯度的颜色，如红色、黄色、蓝色等，色彩对比强烈。

孟菲斯艺术兴起于20世纪80年代的意大利米兰，是一群青年设计师为了反对单调、冷峻的现代主义设计而发起的。孟菲斯艺术主张打破传统设计观念的束缚，赋予设计更多的情感和个性。孟菲斯风格的家具色彩丰富多样，具有很强的装饰性；造型具有很强的几何感，常使用圆形、方形、三角形等形状的组合和变形，线条多为简洁的直线或活泼的曲线；多使用抽象图案、集合图案和具有装饰性的线条图案。采用孟菲斯风格的设计师往往更注重个人情感、设计创意和文化内涵的表达，追求设计的独特性和反叛精神，试图打破传统的秩序和功能主义的束缚。

▲ 波普风格

▲ 孟菲斯风格

3.14 Loft风格

Loft风格是近现代比较流行的软装风格之一。Loft最初的含义是阁楼，但是这个词在20世纪后期逐渐变得时髦并且演化成一种时尚的居住与生活方式，其内涵已经远远超出了最初的含义。因此，Loft风格大体可以被理解成开放、前卫，甚至是钢筋水泥风格。

▲ Loft风格

▲ Loft风格图集

第 4 章

软装元素

我们一直用艺术的目光审视世界，运用色彩、光线、材料，从不同的角度表现各种美。淳厚、经典的背后，体现的是艺术的深度。

4.1 色彩

1. 色彩基础

（1）三原色

所谓三原色，就是指这3种颜色中的任意一种颜色都不能由另外两种颜色混合产生，而其他颜色则可由这3种颜色按照一定的比例混合产生。三原色又分为色光三原色和色料三原色。色光三原色为红色、绿色、蓝色。这3种色光以相同的比例混合且达到一定的强度时，就会呈现白色；若3种色光的强度均为零，就会呈现黑色。色料三原色通常指品红色、黄色、青色。两原色相互混合为间色，品红色加青色为紫色，品红色加黄色为橙色，黄色加青色为绿色。因此，紫色、橙色和绿色被称为三间色。

▲ 色光三原色

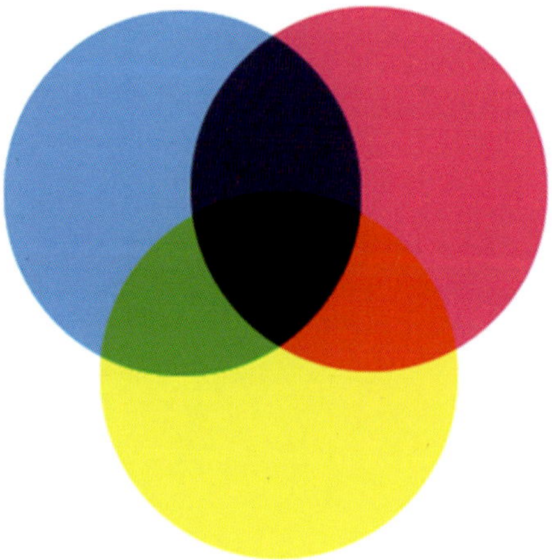

▲ 色料三原色

（2）色彩三要素

①色相。色相表示红、黄、蓝、紫等颜色特性，是色彩相貌和类的名称。色相是颜色的首要特征，是区分各种颜色的最明确的标准。

②明度。明度是物体表面相对明暗的特性。不同的颜色具有不同的明度，如黄色的明度最高；紫色

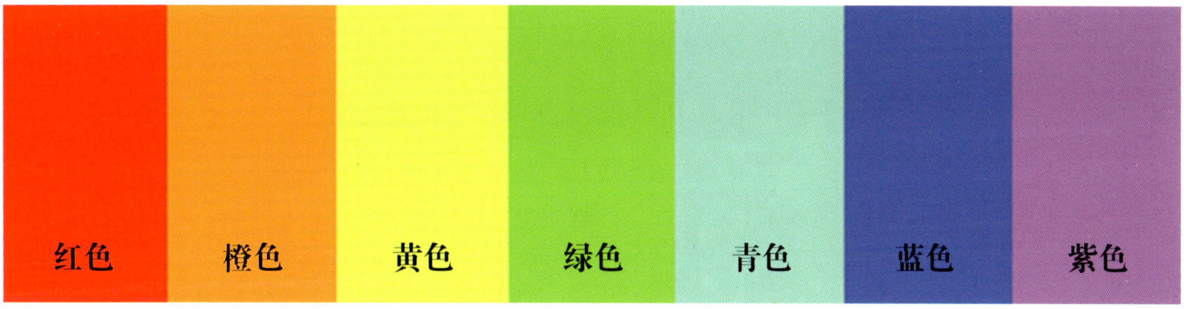

▲ 红色、橙色、黄色、绿色、青色、蓝色、紫色的色相

的明度最低；绿色、红色、蓝色、橙色的明度相近，为中间明度。

③饱和度。饱和度是色彩的鲜艳纯度。色彩的纯度越高，饱和度就越高；色彩的纯度越低，饱和度就越低。

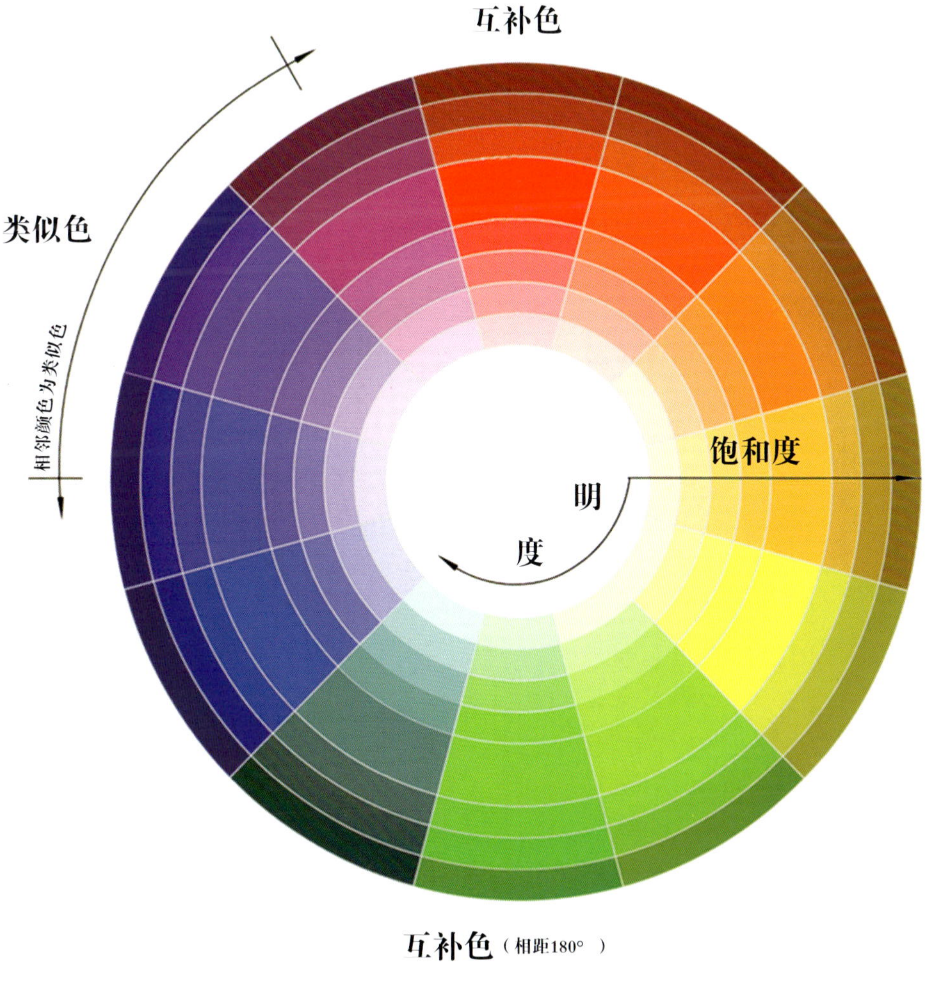

▲ 色轮，从中可以看到色彩的明度和饱和度，以及类似色、互补色等

▲ 以灰绿色、蓝色打造的空间，色调和谐

2. 色彩搭配技巧

（1）类似色配色

色轮中相邻的颜色为类似色，也称邻近色，如蓝绿色、蓝色和蓝紫色。运用类似色配色，使不同的颜色之间存在相互渗透的关系，能让环境显得更和谐。但是，采用这样的配色方式，有时会显得环境比较单调。

（2）对比色配色

色环中相距120°～180°内的颜色互为对比色，相距180°的颜色为互补色。例如，紫色和黄色、蓝色和橙色、红色和绿色，是对比色中对比最强烈的颜色组合。一种颜色同与它的互补色左右邻近的颜色相搭配称为对比色配色，如紫色与土黄色的搭配、酒红色与绿松石色的搭配等。对比色配色产生的视觉冲击力大，能在环境中营造强烈的对比效果。

▲ 灰绿色与灰粉色的组合，少女感十足

▲ 灰粉色和不同的蓝色的组合，展现不同的空间效果，给人不一样的视觉冲击

（3）同色系配色

使用同一种颜色的不同色调进行搭配称为同色系配色。同一种颜色有不同的明度和饱和度，即不同的色调，如红色有大红色、朱红色、橙红色等，合理运用色调的变化和多种材质的组合来装饰空间，将使空间效果更加协调。

▲ 空间以红色作为基调，并用粉红色、深红色、灰粉色、姜红色等同色系颜色进行搭配，显得柔和而温馨

（4）中性色配色

中性色包括米色、褐色、棕色、黑色、白色、灰色等，其在室内软装设计中的应用比较广泛。中性色让人感觉舒适恬静，是软装设计师所运用的色彩体系中必不可少的。特别是灰色系，应用比较广泛，用得恰当会使空间显得很有档次。

▲ 暖灰色与冷灰色的组合，色调柔和，没有太强的对比，低饱和度颜色的搭配给人很舒服的感觉，整个空间显得低调却不庸俗

▲ 卧室墙面和地板采用了柔和的米色，床品也选用了低饱和度的颜色组合，加上柔和的暖色灯光，让人感觉偶尔坐在床上看会儿书也是一种享受

（5）强调色配色

强调色配色打破了同色系配色和中性色配色的单调乏味，使空间更生动、更有活力，可通过靠垫、地毯、桌布、床旗、工艺品和一些小配件来完成，在空间中起到点缀和活跃气氛的作用。但是，强调色要用得恰到好处，否则会影响空间效果。

▲ 跳跃的黄色使原先沉闷的空间顿时活跃了起来，成为空间中的亮点

▲ 玫红色和翠绿色的点缀，使原先沉闷的空间顿时变得让人眼前一亮，成为视觉的焦点

（6）冷色调配色

冷色系在色轮中以蓝色为中心，包括蓝紫色、蓝色、蓝绿色和绿色。冷色给人的感觉比较清凉、冷酷，夏天可以多用冷色装饰空间，各种冷饮店、酒吧也比较适合使用冷色进行装饰。冷色也易让人产生后退感，能在视觉上拉远观者与物体之间的距离，因此狭小的空间用冷色装饰，如给墙面涂上浅浅的冷色，可以使其看起来更大。

▲ 空间以蓝色、绿色、黄绿色为主，并适当点缀其他颜色。绿色系凸显空间的生机与活力，蓝色系使空间显得清凉、安静又清爽

（7）暖色调配色

暖色系在色轮中以橙色为中心，包括黄色、橙黄色、橙红色、红色、紫红色等。暖色给人以温暖、喜庆、热烈的感觉，冬天就适合用暖色装饰空间。暖色易减弱视觉上的距离感，在狭长的空间中，可以给远处的墙面涂上暖色或用暖色的饰品点缀，使空间看上去不那么狭长。

▲ 红色的家具、灯具、书籍及其他饰品与褐色系的地板、墙纸搭配，给人温暖的感觉

（8）莫兰迪色配色

莫兰迪色源于意大利著名版画家、油画家莫兰迪的作品，他的作品颜色饱和度都比较低，且以灰调为主，于是人们把这些饱和度低、简单、纯粹的灰调色称作莫兰迪色。

▲ 低饱和度色彩搭配让空间给人以舒适感

（9）马卡龙色配色

马卡龙色源于法式小甜品马卡龙，其饱和度偏低，多为各种糖果色，如淡粉色、淡黄色、粉蓝色、粉紫色、粉绿色等一系列比较具有少女感的颜色。

▲ 粉嫩的色彩搭配让空间充满少女感，使人感到柔软、浪漫、治愈

（10）混色配色

▲ 混色搭配较为艳丽，使整个空间充满活力却不浮躁

3. 案例：以黄色为例的色彩搭配

（1）黄色+黑色

▲ 黄色与黑色的结合，使整个空间具有较强的视觉冲击力，高贵而时尚

（2）黄色+土黄色+褐色

▲ 以黄色为主，用土黄色、褐色等一系列类似色搭配，使整个空间看上去协调而又柔和

4.2 家具

家具是室内的主要陈设物，其不仅要能满足人们生活的需要，还要追求理想的视觉效果。相互组合后的家具能够有效地成为室内环境中陈设的重点。家具有舒适、便利、耐用、节省空间、易于维护等特点。

1. 古典家具的发展

（1）中国古典家具

三国时期之前，人们习惯席地而坐，这种生活方式也反映在家具的尺寸和室内空间的比例上，原始的审美需求和生产工艺通过家具的质朴造型、雅致装饰体现出来，中国古典家具风格开始萌芽。到了三国时期，家具的类型有了一定程度的发展，床、案几、屏风等家具的样式开始丰富起来。

◀ 案几

魏晋南北朝时期，社会动荡，外来文化通过各种方式参与到中国古代社会的发展中，导致席地而坐的生活方式受到挑战，与之相适应的家具形态也开始发生变化，这表现为以桌、椅、凳为代表的高型家具的发展和普及。

隋唐五代时期，木工已经很发达，家具的样式简明大方，造型浑厚丰满；结构由矮足向高足发展，构件增加了圆形断面，既实用又富有装饰性。长桌、方桌、长凳、腰圆凳、扶手椅、靠背椅、圆椅等家具形态在这一时期基本确立。

北宋时期，农业、手工业和建筑业得到了很大的发展，这促进了家具行业的发展。垂足家具在民间得到广泛应用，已经基本改变了人们长久以来形成的席地而坐的生活方式。这个时期的家具在造型上普遍采用梁柱式框架结构，并趋于简化；在装饰上突出重点和局部。北宋中末期，桌椅得到广泛应用，饭馆、酒楼等公共空间大量使用长凳加桌案的布置方式，这在一定程度上影响了居住空间的家具陈设方式。南宋后期，家具的品种和样式得以确立，并更趋于大众化。到了元朝，家具的风格更显大气。

明朝和清朝早期是中国古典家具发展的鼎盛时期。

明式家具的特点是造型简单素雅，具有自然气息和文人气质；结构合理；装饰恰到好处；选材得当，做工精细；整体和谐统一。

▲ 明式家具

清式家具则雍容华贵，线条趋于复杂，装饰趋于奢华，装饰的技术和工艺达到了前所未有的高度。

▲ 清式家具

(2) 外国古典家具

古埃及家具的造型遵循严格的对称规则，华贵中呈现威仪，拘谨中蕴含动感，充分体现了使用者权势的大小及其社会地位的高低。古埃及家具的装饰性超过了实用性。

古希腊家具的魅力在于其造型符合人们生活的需要，立足实用性而不过分追求装饰性，具有比例适宜、线条简洁流畅、造型轻巧的特点，能够给人以优美、舒适的感受。

▲ 古埃及家具

▲ 古希腊家具

拜占庭帝国以古罗马贵族的生活方式和文化为基础，融合东西方文化，形成了独特的拜占庭艺术。拜占庭式家具继承了古罗马家具的形式，并融合了西亚的艺术风格，外形上趋于采用更多的装饰、雕刻及镶嵌，有的甚至是通体浮雕。其装饰手法常模仿古罗马建筑上的拱券形式。无论是旋木还是镶嵌装饰，都很重视节奏感。

罗曼式家具就是仿古罗马家具。其特点是采用古罗马建筑的连环拱廊作为家具构件和表面装饰，并广泛采用旋木等构件。镶板上多用浮雕及浅雕，装饰题材有几何纹样、编织纹样、卷草、十字架、兽爪、兽头、百合花等古罗马时期的常用图案。罗曼式家具形体较笨重，形式拘谨。

哥特式家具给人刚直、挺拔、向上的感觉，多采用尖顶、尖拱、细柱、垂饰罩、浅雕的镶板装饰。

▲ 拜占庭式家具

▲ 罗曼式家具

▲ 哥特式家具

意大利文艺复兴时期的家具大多不露结构部件，强调表面雕饰，呈现出丰裕华丽的效果。

法国文艺复兴时期，木雕饰技艺达到前所未有的高度，成为其家具设计的主要装饰手法。

英国文艺复兴时期的家具样式延续了哥特式家具的风格，雕饰图案以麻花纹、串珠线脚、叶饰、花饰为主，装饰题材涉及宗教、历史、寓言故事等。

巴洛克式家具的造型常运用人体雕像作为桌面的支撑腿，也常采用圆柱、壁柱、圆拱、涡卷装饰及动感曲线等样式塑造厚重且富有雕塑感的表现效果。

洛可可风格的家具样式柔美，造型纤巧，做工精细，大量运用了复杂多变的曲线，将东方艺术的柔美和对自然的崇尚融入其中。

▲ 意大利文艺复兴时期的家具

▲ 英国文艺复兴时期的家具

▲ 巴洛克式家具

▲ 洛可可风格的家具

2. 家具的分类

（1）按使用功能分类

家具按使用功能可分为坐卧性家具、储存性家具、凭倚性家具和装饰性家具4类。

①坐卧性家具：便于人休息，并直接与人体接触，起支撑人体的作用，包括椅子、凳子、沙发、床等。

②储存性家具：主要用来储存物品、分隔空间，包括柜、橱、架等。

③凭倚性家具：主要有几、案、桌等。

④装饰性家具：以装饰功能为主，如屏风、隔断等。

◀ 屏风

▲ 隔断

▲ 各类椅子

（2）按风格分类

家具按风格可分为新中式风格家具、美式风格家具、法式风格家具、现代风格家具、后现代风格家具、东南亚风格家具和工业风格家具等。

▲ 新中式风格家具

▲ 美式风格家具

▲ 法式风格家具

▲ 现代风格家具

▲ 后现代风格家具

▲ 东南亚风格家具

▲ 工业风格家具

3. 家具的作用

（1）组织空间

在室内，许多功能空间的界定是非常模糊的，尤其是开放的办公空间、酒店的大堂、专卖店的销售空间。设计师通过家具的安排来组织人的活动路线，人们根据家具安排的不同来选择活动和休息的场所。家具布置不当会使室内整体构图失衡，通过调整家具的布置方式，可以实现室内空间构图上的均衡。

▲ 家具的恰当组合使原先比较空旷的场所变得充实，同时也营造了氛围，起到了展示的作用

▲ 玄关家具图集

（2）分割空间

对室内空间中的家具进行适当的摆放，可将室内空间分成几个相对独立、具有不同功能的部分。对家具进行组织，可使较凌乱的空间在视觉和心理上成为有秩序的空间，这样既提高了空间的利用率，也避免了封闭式分割所形成的呆板布局。例如，在酒店大堂、酒吧的空间中，可用桌、椅、吧台围合出一个休息、会谈的空间；在专卖店，可用货架、货柜、展台、接待台围合出一个商品销售空间等。

◀ 使用镂空式隔断把书房和客厅分成了两个独立的空间

（3）填补空间

在房间的角落里放置花几、条案之类的小型家具，可以实现空间的平衡。在这些家具上可以放置盆景、盆栽、玩具、雕塑、古玩等，这样既填补了角落，又美化了空间。对于一些不规则的空间，也可以利用小型家具来填充其不规则部分，以实现整个空间的构图完整。另外，在一些小空间里，也可以利用家具布置室内的上部，如做一些吊柜、隔板等，以节省地面空间。

◀ 在角落里摆放一张懒人沙发，填补了空间，治愈了身心

（4）渲染氛围

家具除了要满足人的使用需求，还要满足人的审美需求，既要使用起来舒适、方便，又要赏心悦目。布置不同的家具，可激发不同的审美情趣，反映不同的文化传统，营造不同的气氛。家具以其特有的体量、造型、色彩与材质对室内空间的气氛产生影响。例如，居室中大面积的白色柜式家具与玫瑰色沙发组合，会使人产生浪漫的情怀；酒吧中使用金属家具，再加上摇滚音乐，会使空间具有强烈的现代感。总之，家具在室内氛围的渲染和情调的营造中发挥着重要的作用。

（5）营造视觉焦点

能成为视觉焦点的家具，往往是那些极具装饰性、艺术性的单品家具，或者现代设计师们设计的革新、独特的家具。它们因历史的沉淀、造型的优美、色彩的丰富等特点而容易成为室内环境中的视觉焦点。在室内环境中，这类家具往往被放在视觉的中心点上，如住宅的玄关处、办公室的接待处、专卖店的中心位置等。

▲ 造型独特的家具，通过色彩的完美搭配，让人赏心悦目

4. 家具的选择与布置

①选择尺寸合适的家具。

②家具应放在方便使用且合理的位置。

③家具的布置应充分利用空间，如利用书架填补空间。

④要保证家具风格和室内空间风格一致，如现代风格的室内空间应配线条简洁、造型流畅的几何形家具，中式风格的室内空间不宜过多使用其他风格的家具等。

⑤要选择适当的色彩和材料。家具的色彩搭配及材料选择与室内环境的关系非常密切，涉及家具与空间的整体协调性。体量大的家具可选择淡雅的中性色，以便与空间相协调。反之，用以点缀的家具则应选择绚丽的色彩，而且应具有强烈的图案装饰效果，以突出自身的存在。在选择家具的材料时，应注意材料的纹理、色泽、风格、质地等因素。不同的材料传递着不同的情感，如光滑感、坚硬感、透明感、粗糙感、金属感、温暖感等。

⑥要符合绿色环保的要求。室内软装设计要注重“绿色设计”，注重对自然环境的保护和对绿色环保材料的利用，如选择使用再生材料、合成材料制造的家具，以及尽可能多地使用绿色复合板和环保漆等。

▲ 唇形的沙发，粉色与白色的完美结合，让人惊艳而陶醉，该沙发很容易成为视觉焦点

小提示

软装讲究的是搭配与和谐，所以所有物品的风格都要统一。一般来说，软装以家具为主线，其他物品的风格都要尽量和家具的风格保持一致。

4.3 布艺

布艺主要包括窗帘、地毯和床品，此外还包括顶棚织物、壁织物、织物屏风、织物灯罩、工具袋、织物插花、织物吊盆等。

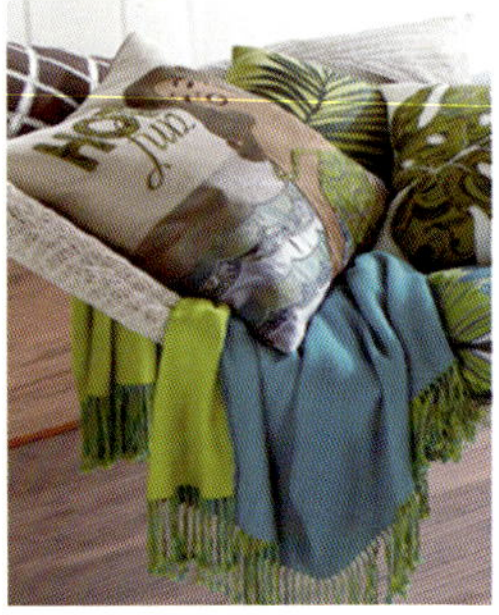

▲ 室内布艺

1. 窗帘

窗帘的种类有开合帘、罗马帘、卷帘、百叶帘和遮阳帘等。下面主要介绍开合帘。

开合帘是指可沿着轨道或杆子做平行移动的窗帘，也是使用较为广泛的窗帘。

(1) 按造型分类

开合帘按造型可分为复古豪华型、简约型、飘逸型等。

①复古豪华型。上面有窗幔、边饰，有裙边，有时会用金色材料做装饰，显得华贵富丽。

▲ 复古豪华型开合帘

②简约型。这类窗帘突出了面料的垂感和悬垂性，不使用任何辅助的装饰手段，通常以素色、条格型或花型等为素材，显得时尚大气。时下比较流行的梦幻帘也属于简约型开合帘。

▲ 简约型开合帘

▲ 梦幻帘

③飘逸型。这类窗帘看上去很轻盈、飘逸，比较适合公主风、禅意风或东南亚风格的空间环境。

▲ 公主风窗帘

▲ 东南亚风格窗帘

（2）按形式分类

开合帘按形式可分为盒式、罗马杆式等。

▲ 盒式开合帘

▲ 罗马杆式开合帘

（3）按组合方式分类

开合帘按组合方式可以分为纯布帘、纯纱帘、布纱组合帘等，一般以纱和布的组合为主，布可以是单色的，也可以是拼接色的。纯纱帘通常用2~3层纱进行组合，通透又飘逸。

▲ 米色布和橙色布的拼接组合显得宁静又有活力

▲ 纯纱帘的魅力在于轻盈、飘逸、梦幻

2. 地毯

地毯可以通过表面绒毛捕捉、吸附飘浮在空气中的尘埃颗粒，能有效改善室内空气质量。另外，地毯拥有紧密透气的结构，可以吸收各种杂声，并能及时隔绝声波，达到隔音效果。因为地毯由软性材料制成，人接触时不易滑倒或磕碰，所以地毯尤其适合有儿童、老人的家庭。地毯丰富的样式、图案和颜色，能帮助软装设计师完成对室内风格的诠释。

▲ 图案多变的地毯

（1）按材质分类

地毯按材质可以分为纯毛地毯、纯丝地毯、纯棉地毯、皮草地毯、藤麻地毯和化纤地毯等。

①纯毛地毯。高级羊毛地毯均采用天然纤维手工制作而成，具有不带静电等优点；由于毛质细密，受压后能很快恢复原状；纯羊毛地毯图案精美，色泽典雅。

②纯丝地毯。纯丝地毯为纯手工编织，采用天然矿物、植物染料染色，经防虫处理，具有收藏价值；花色风格多样，环保耐用。

③纯棉地毯。纯棉地毯的特点是质地柔软，吸水性强，耐磨度高，富有弹性，易清洁，色彩鲜艳且多样，可以水洗。

④皮草地毯。皮草地毯一般指皮毛一体的真皮地毯（如牛皮、马皮、羊皮等）。使用真皮地毯能让空间具有奢华感。真皮地毯昂贵但具有收藏价值，尤其是刻制有图案的刻绒地毯更能保值。

⑤藤麻地毯。藤麻地毯是乡村风格最好的烘托元素，具有质朴感和清凉感，用来呼应曲线优美的家具、布艺沙发或者藤制茶几效果都很不错，尤其适合乡村风格、东南亚风格、地中海风格等亲近自然的风格。

⑥化纤地毯。化纤地毯分为尼龙地毯、丙纶地毯、涤纶地毯和腈纶地毯4种。尼龙地毯的图案、花色类似于纯毛地毯，其因为具有耐磨性强、不易腐蚀、不易霉变的特点而受到市场欢迎。它的缺点是阻燃性、抗静电性差。

（2）按制作工艺及形式分类

地毯按制作工艺及形式可以分为常规机制地毯、艺术地毯和手工地毯等。

▲ 常规机制地毯

▲ 艺术地毯

▲ 手工地毯

3. 床品

床品是营造居室氛围最直观的物件，可以对卧室气氛的烘托起到重要作用。

◀ 四件套

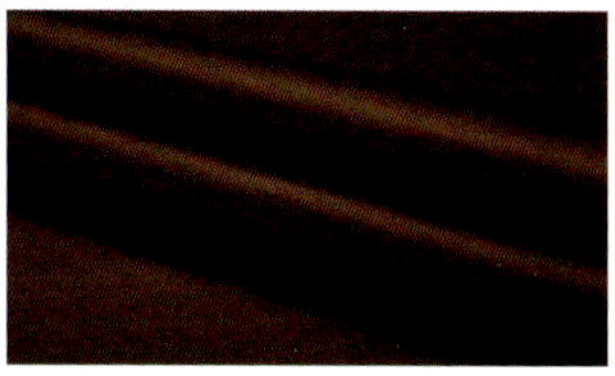

床品的风格主要有以下几类。

（1）欧式奢华风格

历史悠久的欧式古典家具文化中，经典的床品是必不可少的展示元素。床品应体现传统的雍容气质，展现奢华风范，使人置身其中，恍若能触摸到旧日的荣耀光芒。

▲ 欧式奢华风格床品

（2）现代轻奢风格

生活水平的提高，促使人们去追寻舒适、优雅的生活方式。简约和高贵并存且低调奢华的现代轻奢风格获得无数人的喜爱。现代轻奢风格的床品更注重质感与品位，材质精美，织法讲究，色彩低调时尚，凸显品质。

▲ 床品图集

▶ 现代轻奢风格床品

（3）现代简约风格

现代简约风格致力于在横平竖直的干练中打造一种平衡的美感，用更加精细的工艺和更加考究的材质，展现出现代社会所独有的精致感与个性。现代简约风格的床品图案简洁大方，色彩鲜明亮丽，图案多为条纹、几何拼贴等形式。

▲ 现代简约风格床品

（4）田园风格

田园风格以乡村原色及相关配饰作为载体，繁花似锦，春风拂面，阳光般的色调中，写满了清新和典雅。碎花图案是田园风格床品中较常见的设计。

▲ 田园风格床品

（5）新中式风格

新中式风格追求传统与现代的结合，床品的选择更是如此，一幅水墨画、一个中式符号都可以成为设计中的亮点。

▲ 新中式风格床品

（6）自然森系风格

（7）民族风格

4. 布艺的搭配设计

布艺的合理搭配能形成别具一格的视觉效果，营造出温馨的家居氛围。

①选用具有相同元素的布艺进行布置，如从色彩、图案、材质等方面进行相同元素的提炼与设计。

◀ 使用相同花纹和色彩的装饰布分别做成窗帘、地毯等布艺产品，使空间协调统一

▶ 深蓝色的墙面、淡黄色的家具，显得简单而干练。窗帘采用了花色布艺，其图案颜色中有蓝色和黄色，因而其与周围环境相适应，同时靠垫、地毯、装饰画也采用了相同色彩元素进行设计，使整个空间显得统一

②根据墙面、地板、家具等的装饰色彩与整体色调来选择合适的布艺色彩。

- 墙面色彩较深时，可选用色彩淡雅的窗帘；墙面色彩较淡时，可选用色彩相对较浓的窗帘。
- 墙面装修较复杂时，可选用花纹简单的窗帘。
- 家具色彩较淡、陈设较简单时，可选用色彩较浓、花色缤纷的窗帘；家具色彩较浓或设计风格独特时，应选用花纹简单、色彩较淡（或单色）的窗帘。
- 色调分为暖色调、冷色调和中间调，布艺的色调可与墙面、地板、家具等的色调一致。

▲ 布艺图集

小提示

可以用窗帘对室内的色调进行调整，并且床品和靠垫等可以使用和窗帘同一色系的布料。

4.4 灯具

灯具是指能透光，且能分配和改变光源分布的器具。早期的灯具主要侧重于照明的实用功能，但是如今，灯具的设计不仅要考虑艺术造型，还要考虑其型、色、光与环境的相互协调。

1. 灯具的分类

灯具按造型可以分为吊灯、壁灯、吸顶灯、台灯、落地灯、射灯、筒灯、轨道灯、线条灯等。灯具的造型是由其使用环境和功能决定的，灯具本身的造型要和空间整体风格相适应。灯具通过照亮灯饰本身和周围环境，达到照明和装饰效果。

（1）吊灯

吊灯一般悬挂在天花板上，是最常用的照明工具之一。吊灯的大小与空间大小、层高相关，层高太低的空间不适合用吊灯，吊灯的最低点离地面的高度应不小于2.2米。吊灯在安装时一般离天花板0.5～1米，复式楼梯间或酒店大堂的大吊灯可按照实际情况调节高度。

吊灯的样式繁多，常用的有现代吊灯、中式吊灯、欧式吊灯、东南亚风格吊灯等。其材质也多种多样，如水晶、羊皮、玻璃、陶瓷等。

▶ 轻奢风格的现代吊灯

▲ 中式吊灯

▲ 欧式吊灯

▲ 东南亚风格吊灯

（2）壁灯

壁灯是直接安装在墙面上的灯具，在室内一般用于辅助照明。壁灯一般光线暗淡和谐，可以起到点缀作用。壁灯一般有床头壁灯、过道壁灯、镜前壁灯和阳台壁灯等。床头壁灯一般安装在床头两侧的上方，一般可根据需要调节光线。过道壁灯通常安装在过道一侧或两侧的墙壁上，可照亮壁画或一些家具饰品。镜前壁灯安装在洗手台镜子附近。阳台壁灯则安装在阳台的墙面上，起到照明的作用。壁灯的高度应略高于视平线的高度，一般以离地1.8米左右为宜。壁灯除照明之外，还具有渲染气氛的作用。

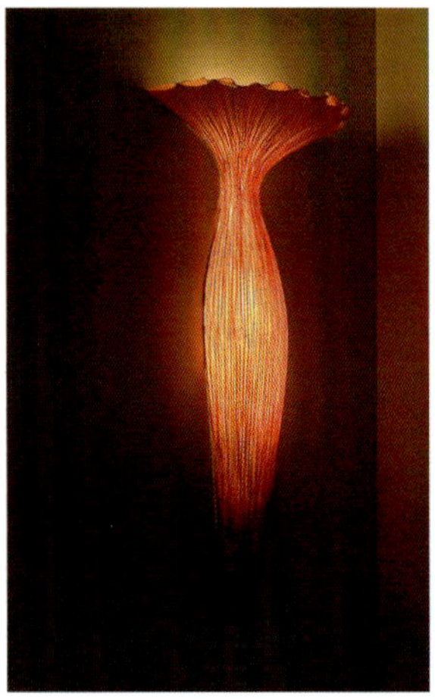

▲ 壁灯

（3）吸顶灯

吸顶灯是直接安装在天花板上的灯具，也是室内的主要照明设备。如果空间层高较低，则比较适合用吸顶灯，办公室、文娱场所等常使用吸顶灯。吸顶灯主要有向下投射灯、散光灯、全面照明灯等。选择吸顶灯时，软装设计师应根据使用需求、天花板构造和审美要求来考虑其造型、布局组合方式、结构形式和使用材料等，其大小要与室内空间相适应，结构要安全可靠。

▲ 吸顶灯

（4）台灯

台灯是人们在生活中用来照明的一种常用灯具。它的功能是把灯光集中在一小块区域，便于人们工作和学习，有时也起到装饰、营造氛围的作用。

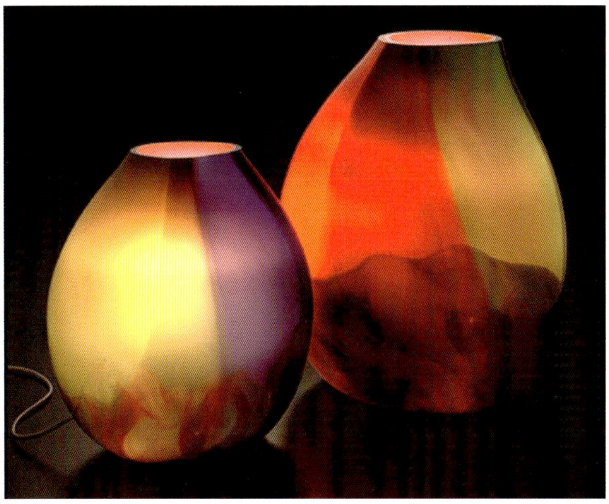

▲ 台灯

（5）落地灯

落地灯是指放在地面上的灯具，一般多放置于客厅、休息区域等，与沙发、茶几等配合使用，以满足房间局部照明和渲染气氛的需求。

▲ 落地灯

（6）射灯与筒灯

射灯与筒灯都是营造特殊氛围的聚光类灯具，通常用于突出重点，能够丰富层次、创造特殊的气氛及缤纷多彩的艺术效果。射灯是一种高度聚光的灯具，主要用于特殊的照明，如强调某个有新意或具有装饰效果的地方。筒灯一般用于普通照明或辅助照明，如家里客厅吊顶处、过道处等都可以装一些筒灯。

▲ 在装饰画和陈设品上面安装数盏射灯，可以突出其装饰效果

▲ 在客厅吊顶处安装一些筒灯，可以起到渲染气氛的作用

（7）轨道灯与线条灯

轨道灯就是安装在一个类似于轨道的结构上的灯，可以任意调节照射角度。轨道灯商用居多，在无主灯设计的家居环境中也常用，如客厅、餐厅的顶面及墙面。

线条灯就是光源排列成直线的灯，其光线像水一样洗过墙面，因此也被称为洗墙灯、泛光灯、投光灯。

▲ 轨道灯

▲ 线条灯

▲ 洗墙灯

2. 灯具的运用

（1）客厅

客厅的灯光设计与个人爱好及空间风格有关。一般偏现代简约风格的客厅可以采用无主灯设计，同时将轨道灯、筒灯、线条灯等作为主要的光源，另外可以摆放落地灯或壁灯等渲染气氛。如果是偏复古风格的客厅，则可以采用吊灯作为主光源，这样会更有氛围感。

▲ 客厅吊顶处安装轨道灯和线条灯，作为客厅的主光源，空间显得简洁大气

▲ 客厅主要采用壁灯和落地灯营造氛围，光线柔和温馨

（2）玄关

玄关是进门后看到的第一个区域，因此玄关灯具的设计将直接影响人们进门后的第一印象。

▲ 玄关的灯具应用

（3）餐厅

餐厅是用餐的场所，餐厅的氛围直接影响食客用餐的心情和胃口，一个较好的用餐环境可能会使食客食欲大增。灯光是很好的“调味剂”，采用几盏低矮的装饰吊灯，使暖黄色的灯光照射在食物上，可使食物看起来更加可口。一般餐厅的吊灯不能装得太低，一方面要保证食客可以看清餐桌上的食物，另一方面可以渲染用餐氛围。

▲ 餐厅适合安装吊灯

（4）卧室

卧室常用的灯具有轨道灯、线条灯、筒灯、吊灯、壁灯等。偏现代简约风格的卧室一般不设主灯，以线条灯、轨道灯、筒灯等为主光源。可以根据个人爱好和需求在床头设计吊灯，一般设计两边不对称的形式，或高低不同，或造型不同，或只设一边，从而体现空间的设计感；也可以在床头安装壁灯或摆放台灯。复古类风格的卧室可以设置主灯，以便于渲染空间氛围。

▲ 线条灯和吊灯的结合

▲ 轨道灯和吊灯的结合

（5）卫生间

卫生间中最重要的灯光就是洗手台旁的灯光——要有足够的强度、亮度及合适的角度。此外，可以根据需要安装筒灯、射灯、壁灯、吊灯等。

◀ 卫生间灯光布置

（6）书房

书房可以使用能够调节高度和方向的吊灯或台灯，周围可以增加一些氛围灯，如筒灯等，使光线自然过渡。

▶ 书房工作台上方使用两盏日光吊灯，再用台灯作为辅助光源

（7）厨房

厨房灯具的布置可以从主照明、辅助照明和重点照明等方面来设计。例如，可以在厨房中央安装吸顶灯、筒灯等作为主照明灯具；在橱柜下方、工作台上方安装LED灯带、线条灯等作为辅助照明灯具；在炉灶和水槽区域安装聚光灯，作为重点照明灯具。另外，如果厨房有岛台设计，则可以在岛台上方安装吊灯，以发挥照明和渲染氛围的作用。

▲ 吊灯和线条灯的应用

▲ 筒灯、吊灯和线条灯的组合应用

3. 灯光颜色的选择

（1）渲染氛围

灯光颜色应根据想营造的空间氛围来进行选择，如用餐场所应使用暖色光源以增强食客食欲，婚礼场所可以用玫粉色的光源来烘托浪漫的气氛，娱乐场所则可以选择色彩比较冷艳的光源。

（2）与环境相协调

灯光颜色需要与环境（如房间类型、房间大小、墙面色彩等）相协调。一般居室不能用过于花哨的光线，因为刺激性颜色的光线容易让人产生紊乱、繁杂的感觉，严重时会使人疲惫和神经紧张。

▲ 灯具图集

▲ 不同造型的吊灯组合营造出不一样的氛围

4.5 花品

1. 花品的分类

（1）按材质分类

花品按材质可分为鲜花、仿真花和干花3类。

①鲜花

特点：自然、鲜活，具有无与伦比的感染力和造物之美，受季节、地域的限制。

适合场所：家庭、酒店、餐厅、展厅等。

▲ 粉蜡梅

▲ 雾中情人

②仿真花

特点：造型多变，不受季节和地域的限制，品质高低不同。

适合场所：家庭、酒店、餐厅、展厅、橱窗等。

适合风格：各种装修风格。

▲ 仿真花

③干花

特点：风格独特，品种和造型受限。

适合场所：家庭、展厅、橱窗等。

适合风格：特别适合田园风格。

▶ 干花

（2）按造型分类

花品按造型可以分为焦点花、线条花和填充花。

①焦点花

作为设计中最引人注目的花，焦点花一般放在造型的中心位置，这是视线集中的地方。

②线条花

线是造型中最基本的元素之一。线条花的功能是确定造型的形状、方向和大小，一般选用穗状或挺拔的花或枝条。

③填充花

西式花艺的传统风格是大块状几何图形相组合，其间很少有空隙。要使线条花与焦点花和谐地融为一体，必须用填充花来过渡。

▲ 焦点花

▲ 线条花

▲ 填充花

2. 花品色彩搭配与应用

搭配花品时，使用的花色不求繁多，一般只用2~3种花色，追求简洁明快，同时利用容器和枝叶来衬托。花色可以使用纺织品、配饰、墙面上有的颜色，也可以根据空间风格的内涵特点来挑选。

（1）单色组合

选用一种花色构图时，可以用同一明度的单色相配，也可以用不同明度的单色相配。

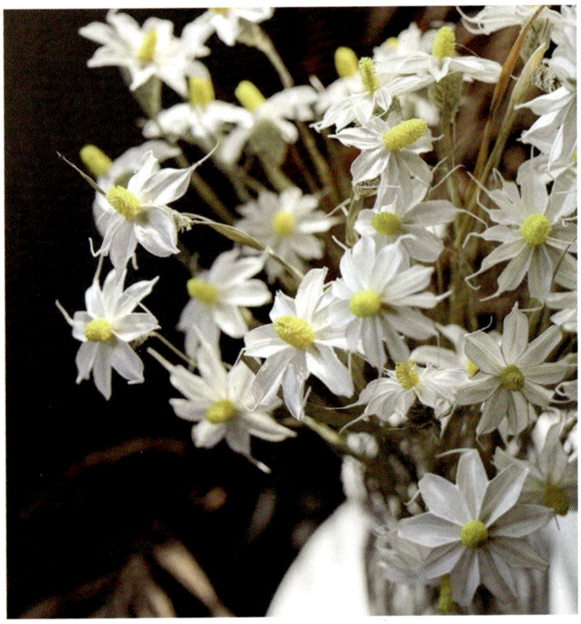

▲ 单色组合

（2）类似色组合

由于色轮上相邻颜色在色相、明度和饱和度上都比较接近，互有联系，因此组合在一起时比较协调，显得柔和而典雅。类似色组合的花品适宜在书房、卧室、病房等安静的环境内摆放。

▲ 类似色组合

（3）对比色组合

红色与绿色、黄色与紫色、橙色与蓝色，都是能带来强烈视觉刺激的对比色，它们相配容易形成明快、活泼、热烈的效果。采用对比色组合需特别注意对比色的比例。

▶ 对比色组合

3. 花品的摆放

（1）客厅花品

客厅是家庭活动的主要场所，客厅的环境氛围主宰着整个家居空间的氛围。对于在客厅摆放的绿植花品，目前比较受欢迎的有马醉木、龟背竹等。

▲ 马醉木

▲ 龟背竹

（2）餐厅花品

餐厅花品通常被放在餐桌上，成为宴席的一部分。在设计餐厅花品时，除了选择合适的品种，还要确保其从每个角度欣赏均具有美感。这里的花可以是干花，也可以是鲜花，但应选择清爽、亮丽的颜色以增强食客食欲。当然，花色的选择还要考虑桌布、桌椅、餐具等的色彩和图案。

▲ 餐厅花品

（3）卧室花品

卧室是供人们休息的场所，宜营造幽美宁静的氛围。若卧室空间不够大、空气不容易流通，就不宜摆放过多的植物，因为植物在夜间不进行光合作用，不仅排出二氧化碳，还要吸收氧气，不利于主人的身体健康。因此，卧室可以摆放一些干花，根据床品、窗帘颜色选择相应颜色的干花放在床头柜或梳妆台上作为装饰，以营造温馨的氛围。

▲ 卧室花品

4.6 饰品

1. 根据功能分类

根据功能的不同，饰品可以分为装饰画品、装饰性工艺品、实用性陈设品等。

（1）装饰画品

▲ 装饰画品

（2）装饰性工艺品

▲ 陶器

▲ 瓷器

▲ 金属类饰品

▲ 玻璃工艺品

▲ 烛台与蜡烛

▲ 具有民族特色的工艺品

▲ 工艺小摆件

（3）实用性陈设品

▲ 书靠

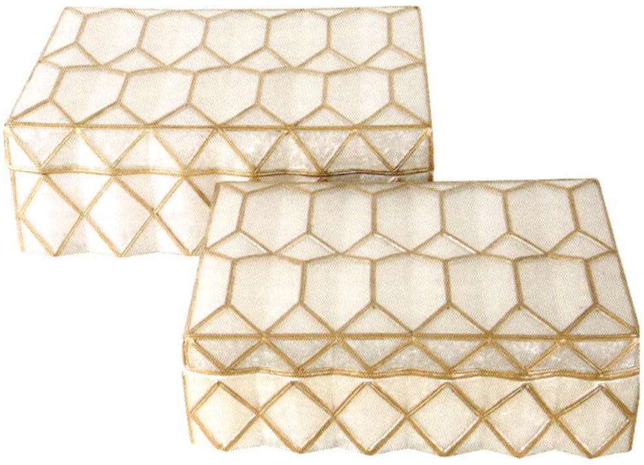

▲ 装饰盒

▲ 现代轻奢风格钟表

2. 根据摆放位置分类

根据摆放位置的不同，饰品主要分为墙面饰品和台面饰品。

（1）墙面饰品

墙面多用挂画、挂钟、挂毯、照片、悬挂工艺品等装饰，饰品的选择应该与空间风格保持一致，所选饰品的颜色也应该与空间色彩相协调。

▲ 墙面饰品图集

①挂画

▲ 综合材质装饰画

▲ 版画

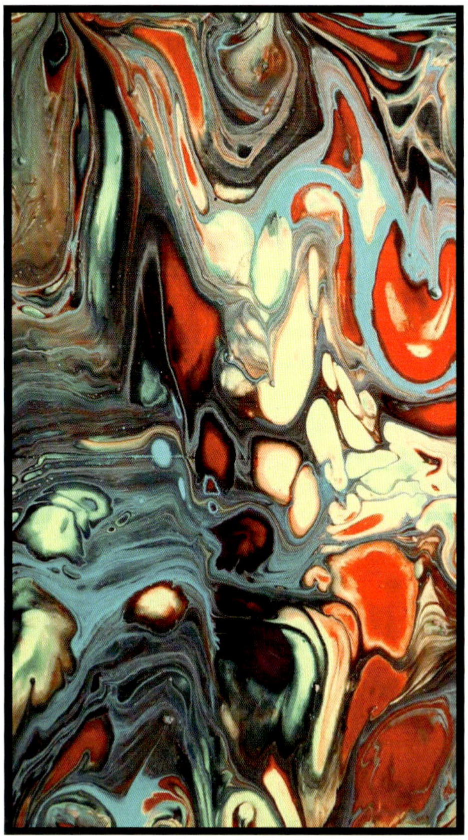
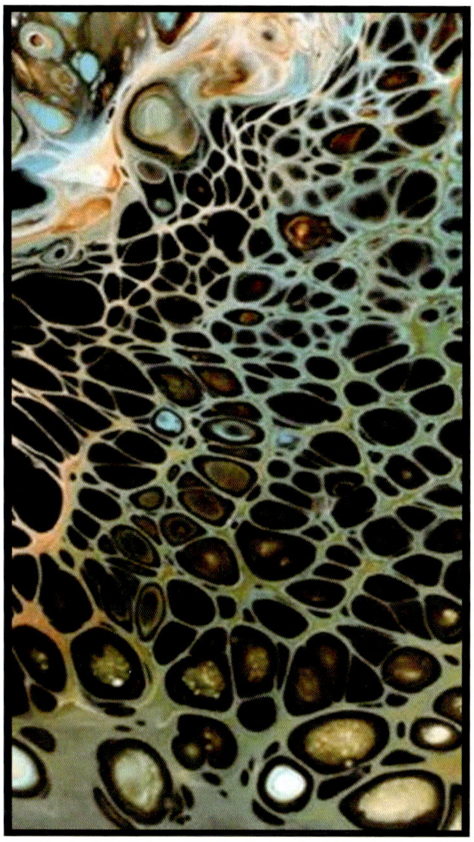

▲ 流体画

▲ 晶瓷画

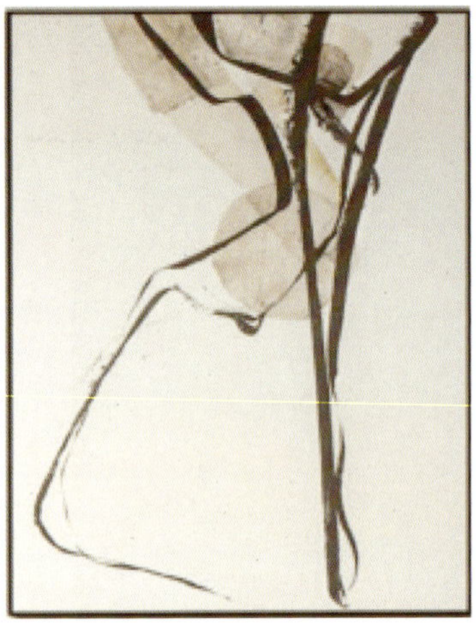

▲ 挂画在空间中的应用

② 挂钟

▶ 挂钟在空间中的应用

③ 挂毯

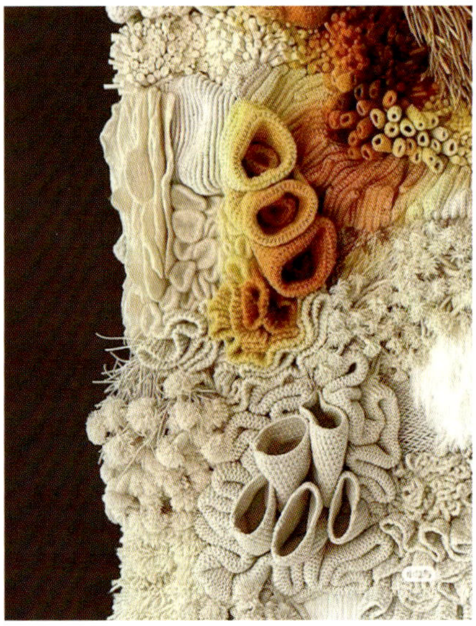

▶ 挂毯在空间中的应用

④照片

照片往往能带来意想不到的效果。精心挑选的照片不仅能够装饰墙面，还能给家居生活带来创意。

▲ 照片墙图集

▲ 楼梯旁的照片墙，既温馨又有设计感

⑤悬挂工艺品

▶ 悬挂工艺品在空间中的应用

小提示

墙面饰品的色调可以根据房间的实际大小决定，建议面积大的房间用暖色调，面积小的房间用冷色调，因为暖色调给人紧凑的空间感，冷色调则给人空旷的空间感。

（2）台面饰品

台面饰品是指摆放在桌子、茶几、柜子等台面上的饰品，通常包括托盘、相框、花瓶、果盘、茶具、书籍、工艺小摆件等，样板房的床上也可用托盘进行装饰。添加一件小饰品往往可以产生意想不到的效果，如工艺讲究的水杯，既是实用品，又是艺术品，可以起到良好的装饰效果。

▲ 台面饰品图集

▲ 托盘可以摆放在茶几、餐桌上

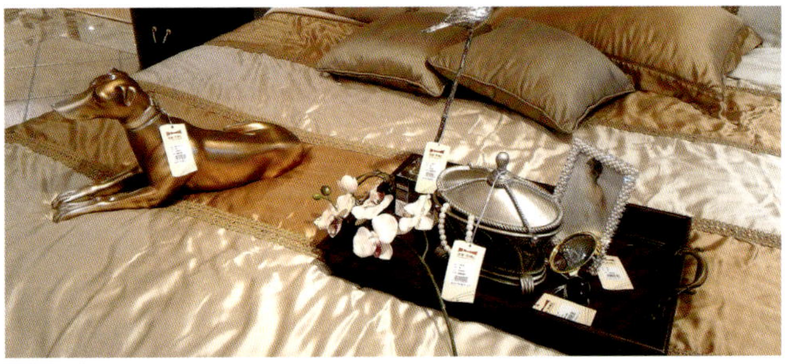

▲ 床上摆放床旗、托盘及小动物造型的饰品，使卧室更加温馨而有情调

▲ 台面上摆放仿旧的电话、古朴的书籍，让空间更有文化底蕴

▲ 桌面上摆放的黄色系的花瓶，成为空间的视觉焦点

▲ 茶几上可以摆放相框、茶具、书籍等物品

▲ 在茶几或桌子上可以进行适当的陈设以烘托家居环境。当需要摆放一些小物品时，通常可以用托盘进行收纳，以防止台面凌乱

▲ 餐桌陈设图集

小提示

在光线比较强的位置，建议放置表面反光弱的工艺品，如木制品和无釉的陶艺等；在光线比较弱的位置，可以放置一些表面光滑的工艺品，从而形成互补。

4.7 墙饰

1. 墙纸

优质的墙纸具有一定的防潮功能，使用寿命为8～10年。除了湿区，墙纸可以使用在任何地方，使空间形成统一的氛围。墙纸具有防裂功能和相对不错的耐磨性，同时还具有抗污染性好、便于保洁等特点。墙纸的装饰表现力比油漆和瓷砖强，且工期短，更换相对方便，容易营造不同个性的空间。优质的墙纸比同档次的油漆更为环保。

（1）墙纸的分类

①无纺布墙纸。以纯天然无纺布为基材，表面采用水性油墨印刷后涂上特殊材料。其优点是图案丰富、施工容易、吸音、不易变形。

②纸基墙纸。以纸为基材，经印花后压花而成。其优点是自然、舒适，无异味，环保性好，透气性强，上色效果好，适合染各种鲜艳色甚至印工笔画。其缺点是时间久了会略微泛黄。

③织物类墙纸。以丝绸、麻、棉等编织物为原料。其特点是物理性能非常稳定，湿水后颜色变化也不大，在市场上非常受欢迎，但价格较高。

（2）墙纸图案及风格特点

①条纹。条纹能体现出恒久性、古典性、现代性与传统性。条纹稍宽的墙纸适合用在流畅的大空间中，条纹较窄的墙纸可以用在小空间中。

▲ 条纹墙纸

②大马士革。大马士革古城是古代丝绸之路的中转站，这里是东西方文明碰撞和交汇之地。当地的民众因对从中国传入的格子花纹特别喜爱，同时受西方宗教艺术的影响，所以改进了这种四方连续的设计图案，将其制作得更加繁复、高贵和优雅。大马士革墙纸长于营造华丽的欧式气质，可以使空间显得大气典雅，并有一种深厚的历史底蕴。

▲ 大马士革墙纸

③小清新花形图案。小清新花形图案墙纸比较适合田园、乡村、休闲等风格的空间。

▲ 小清新花形图案墙纸

④几何图形。规律的几何图形可以增强居室的秩序感，为居室提供一个既不夸张又不会太平淡的背景。几何图形的尺寸要适中，如果过大，就会在视觉上造成“逼近”感。

▲ 几何图形组成的背景具有一定的韵律感，可使空间不让人感到单调

▲ 立体的几何图形会给人带来错觉，特别适合比较空旷的空间

▲ 色彩强烈的几何图形会让空间看起来更敞亮，成为空间中的视觉焦点

⑤艺术图案。艺术图案墙纸通常包含各种个性化的图案，可以给人带来全新的感觉。根据空间需要，选择与之相协调的艺术图案墙纸，往往会产生意想不到的装饰效果。

▲ 艺术图案墙纸色彩艳丽，图案奇特、新颖，很容易成为空间中的视觉焦点，适合用作公共区域主要位置的装饰

▲ 红砖图案的艺术墙纸，加上具有工业气息的家具及装饰画，展现了个性化的Loft风格

（3）墙纸的搭配原则

①一个完整的空间不建议使用超过3种款式的墙纸。

②与空间整体风格相符。例如，传统的中式客厅可以选择浅棕色、灰色等颜色的墙纸，现代或后现代风格的客厅则可以选择颜色比较明快或夸张的墙纸。

③根据主人的特点来选择。例如，老人房宜选用花色淡雅，色调偏绿、偏蓝的墙纸，且其图案或花纹应精巧；儿童房墙纸的颜色应新奇丰富，花样可选卡通人物、童话、积木或花丛；青年房间的墙纸风格可以欢快、轻松一些，也可以时尚、夸张一些。

④结合室内摆设来选择。例如，根据室内摆设的颜色来选择墙纸的颜色，或根据室内摆设的风格来选择相应图案的墙纸。

⑤根据空间的大小来选择。例如，宽敞的空间宜使用大花朵、宽度较大的条纹等图案的墙纸，小空间则应使用图案细密、颜色较淡的墙纸。

⑥房间偏暗，可以用浅暖色调的墙纸；房间光线好、宽敞明亮，则可以用深色调的墙纸。

（4）墙纸的装贴

装贴墙纸时需要先了解墙纸的规格，测量房间尺寸，计算墙纸的卷幅，最后进行装贴。

①了解墙纸的规格。墙纸一般宽0.53米、长10米。卷幅的计算需要加入由于对花等造成的损耗。

②测量房间尺寸。装贴墙纸之前需要算出房间贴墙纸部分的高度和宽度。

③贴墙纸的方法。墙纸应从上到下一幅一幅地拼接粘贴。一卷墙纸总长10米，分为3幅，则每幅长约3.3米。有花纹的墙纸，每幅之间都要对花，花型越大，损耗越大，所以对花后每幅的长度可能只有3米或更短。

2. 墙贴

墙贴有平面墙贴和立体墙贴之分。平面墙贴一般是指已设计和制作好的现成图案的不干胶贴纸，只需要动手将其贴在墙面、玻璃或瓷砖上即可。立体墙贴也叫立体壁挂、浮雕墙贴，指将墙贴立体化，同时加强了对墙贴的开发与配套。这种用来代替传统墙纸的革新产品被设计师们赋予了灵动的气质，拥有千奇百怪的造型，从不同的角度看，由于光照和阴影的关系，会呈现不同的视觉效果，若同时加以平面墙贴的组合装饰，会让空间更加美轮美奂。

3. 墙绘

墙绘是近年来居家装饰的潮流，是修饰新房、会所、展厅、酒吧等许多空间的理想选择。相对于墙纸，墙绘更加具有表现力，可以使空间更加和谐与个性化。

▲ 墙贴

▲ 墙绘

▲ 墙饰图集

第 5 章

软装排版方案的制作及软装设计禁忌

软装排版方案的制作是对软装设计师平面设计素养的考验，版面的视觉冲击力直接影响着项目设计的成功率。每一段文字、每一种字体、每一幅图片，都是一个优秀方案的基础。

5.1 软装排版方案的制作

软装排版方案是软装设计师为客户展示软装设计效果最直观的方式。目前国内的软装排版方案有很多种，其主要功能是完整地表达设计思路，将其通过概念方案的形式传达给客户。常用的软装排版方案有平铺式软装排版方案、透视式软装排版方案和海报式软装排版方案3种。

▲ 软装排版方案图集

1. 平铺式软装排版方案

这种方案简洁明了，只需要把空间所需的物品平铺到画面上。

2. 透视式软装排版方案

这种方案比较直观地模拟了实际空间的效果，把物品用透视法展示了出来。

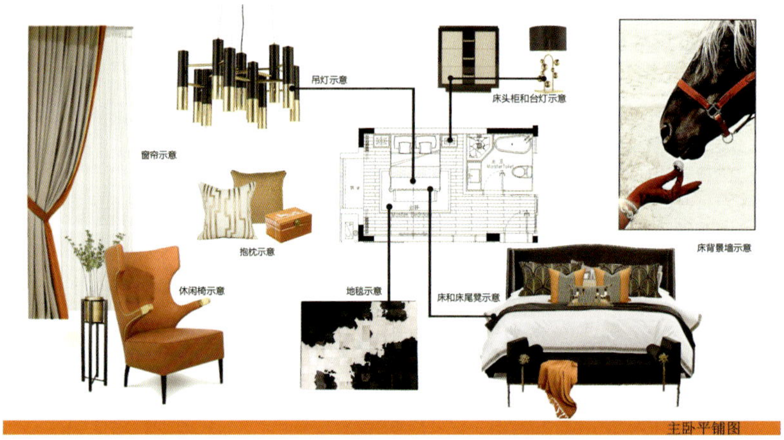

▲ 平铺式软装排版方案

▲ 透视式软装排版方案

3. 海报式软装排版方案

海报式软装排版方案更趋向于平面的展示，把所要表达的风格特征、色彩关系、材质选择等以平面组合的形式在版面中表现出来，更像是一幅海报，用以表现方案的设计精华和风格。

▲ 海报式软装排版方案

如何让你的方案看上去更高级

1. 灵感图片的高级感和适配感

除了空间设计本身，一个方案前期对理念文化方面的设计也相当重要。灵感元素、主题来源、材质分析、色彩分析、风格定位等通常需要通过一些图片来展现，因此，灵感图片的高级感和适配感至关重要，充满高级感的图片会给方案设计加分。

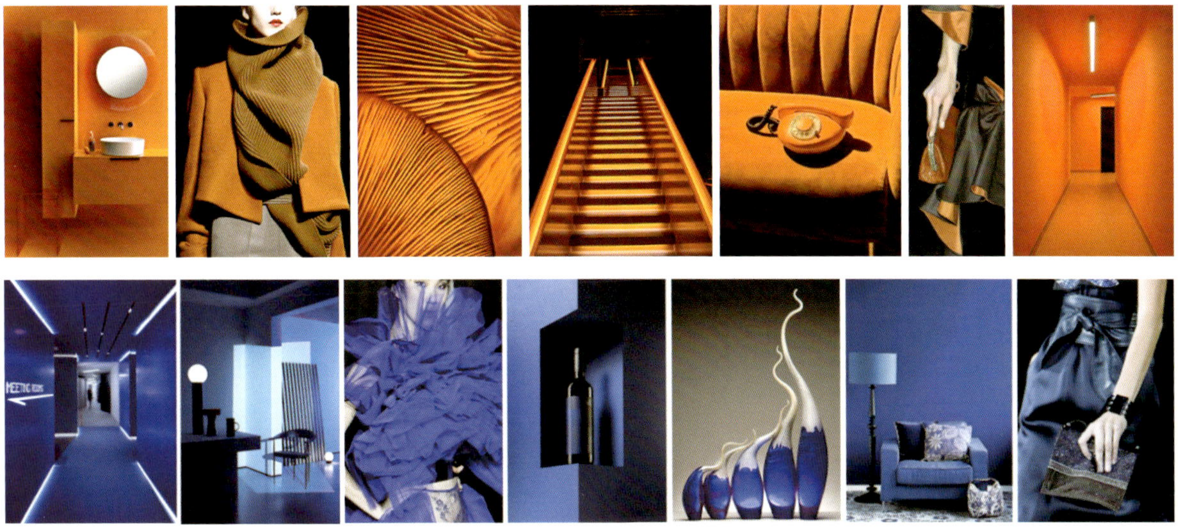

▲ 这些灵感图片能让人感受到色彩、材质、风格、文化等

2. 方案的系统性设计

软装设计师通常围绕一个元素或主题展开设计。各空间之间有一定的连续性和系统性，会让整个方案更统一、更和谐。以下案例以“童话”为主题，以《爱丽丝梦游仙境》里的物品和角色为设计元素贯穿整个空间的设计，从色调、元素、主题、材质上进行整个方案的系统性设计。

▲ 以“童话”为主题，以《爱丽丝梦游仙境》里的物品和角色为设计元素，提炼角色的形态特征，通过变形、夸张等手法将其分别设计成方案中的装饰元素

▶ 兔子装饰元素在客厅中的应用

▶ 钟表装饰元素在餐厅中的应用

主卧软装效果图

▲ 红皇后装饰元素在主卧中的应用

女儿房软装效果图

▲ 爱丽丝装饰元素在女儿房中的应用

3. 利用各种元素体现形式感、视觉感

版面的设计感会给人带来视觉上的满足，软装设计师在设计时应尽可能利用各种元素，让版面看上去更吸引人，体现其形式感和设计主题。以下是中式风格的一个空间版面，具有中式韵味，形式感和视觉感都比较突出。

▲ 版面中除了家具、灯具、背景墙、饰品等实际软装产品，还添加了具有中式韵味的祥云、古人等比较虚幻的元素，使空间更加具有意境，增强了空间的视觉感

5.2 软装设计禁忌

（1）沙发不可摆放在横梁下方

无论是客厅内还是卧室内的沙发，都不可摆放在横梁下方。如果沙发摆放在横梁下方，长时间使用沙发会让人觉得压抑，产生不适感。

（2）沙发、床等后背不宜临空，应有相应的靠背

沙发和床在摆放时最好靠墙，即使不能靠墙，也应有其他的阻挡物（如屏风、隔断等）作为其靠背。如果沙发和床临空摆放，则容易使人没有安全感，感到不安。

（3）床头不宜摆放大型挂画，床的上方不宜安装吊灯

床是人们用来休息的地方，若在床头摆放大型挂画，挂画有可能掉落而伤人；吊灯也一样，不宜安装在床的上方，否则容易让人感觉不安，从而影响睡眠。

（4）床头不宜靠窗、靠门

床头不宜靠窗、靠门，否则门窗外的寒风进入室内，容易使人感冒头痛。

（5）卧室不宜安装大面镜子

卧室不宜安装大面镜子，特别是镜子不适合放在床对面，否则镜子的反射会影响人的休息，甚至造成神经衰弱。

（6）家中植栽宜选叶片宽阔的植物

家中植栽宜选叶片宽阔的植物，忌选仙人掌类尖细叶片的植物，因为此类植物容易使人受伤，具有安全隐患。

（7）室内配色禁忌

①餐厅不宜用蓝色等冷色，冷色会使食物看上去不新鲜，从而影响食客的食欲，也会在一定程度上影响食客的就餐情绪。因此，餐厅最好使用暖色，特别是以橙色为主，暖色会使食物显得新鲜诱人。

②卧室不宜用浓重的粉红色和红色，这种颜色会让人处于亢奋状态，长久居住会让人感到烦躁，并出现情绪不稳定的状况。

③书房不宜用黄色做主色调。黄色往往用作警示色，如果做主色，会带来较大的视觉刺激，容易使人产生视觉疲劳。书房可以采用淡蓝色、米色等比较清新、温和的颜色。

④不要用单一的金色装饰房间。金色是最容易反射光线的颜色之一，金光闪闪的环境对人的视觉影响很大，容易使人神经高度紧张。

第 6 章

软装管理流程

了解项目的地段、价位、档次，以及客户的需求，做到胸有成竹，是项目签约成功的关键。功能、风格等的定位是项目推进的基础。品牌的确定，以及产品的定制、采购、运输、安装和摆场，是项目成功实施的关键。

6.1 软装公司的项目流程

1. 项目洽谈

①项目洽谈是赢得一个项目的关键。在正式洽谈之前，软装设计师应对项目的地段、文化、价位、档次等相关资料进行调查，了解客户的需求，做到胸有成竹。软装设计师在自身具备一定能力的基础上，要对自己充满信心，可以通过网络、电话跟客户进行简单的交谈，取得客户的信任。

②最好是在项目现场跟客户进行深层次的交谈，以了解各方面的信息。首先，要对生活方式进行探讨，包括客户及其家庭成员的生活习惯、文化喜好、宗教禁忌和生活动线。其次，要对色彩元素进行探讨，仔细观察硬装现场的色彩关系及色调，探讨整体方案的色彩。最后，要对风格元素进行探讨，与客户沟通要尽量从装修风格开始，以客户的需求结合原有的硬装风格，尽量弥补硬装缺陷，注意使后期的配饰风格与硬装风格保持和谐统一。家具、布艺、饰品等软装细节，应满足客户喜好。

小提示

- 揣摩客户性格很重要。对于性格强硬的人，需要先肯定、再引导；对于特别细致的人，需要给出更细致的建议；对于摇摆不定、没有主见的人，需要帮助他做决定。
- 要学会观察，从交谈中了解客户的经济实力，让建议与方案切中其需求。不要盲目地进行推荐，推荐要具有针对性，这有助于使客户感觉放松和安全，并增强其对消费行为的信心。
- 要揣摩客户的生活方式、品行和人际关系。软装设计师要以一种客户喜欢的姿态或形象与其接触，在短时间内取得客户的信任和好感，了解客户的品行，以更好地自我保护。

③与客户交谈后，需要测量空间的具体尺寸，画出平面图、立面图，并从空间的各个角度进行拍摄，大场景可以用平行透视，小场景可以用成角透视，对重要局部的每一个细节都要进行记录，以把握空间尺寸，方便后期的软装设计。另外，要大致确定空间流线、风格趋向和色彩定位，以口头的形式形成初步的概念方案，并以定金的方式与客户签订设计合同。

2. 项目设计

①在签订设计合同之后，根据前期洽谈中的概念，包括功能性概念、环境性概念，以及风格、颜色上的概念制作初步设计方案。

②带着基本的构思框架到现场反复考量，对细节进行纠正，全面核实产品尺寸，感受现场的合理

性。最好准备2～3套方案（如一套高档的，一套中档的）供客户选择。

③根据项目概况，首先针对项目的价格定位做项目预算。通过家具市场、灯具市场、窗帘市场、饰品店及其他各类产品的厂商网站等资源，对产品品牌进行了解、认识，根据品牌、报价、产品种类建立资料库，并联系相应厂商，了解所需产品的价格，做一个适合该项目的预算表，并要求厂商提供CAD图、产品列表和报价。

④在就定位方案与客户达成初步共识的基础上，通过产品的调整，明确本方案中各项产品的价格及组合效果，进行方案制作，制定完整的配饰设计方案。配饰设计方案一般可用Photoshop来完成，并制作成PPT等形式。

⑤用动画、手绘、PPT、平面图、效果图等形式向客户系统全面地介绍和展示方案，并在介绍过程中不断接收客户的反馈，对方案进行补充、修改和调整，包括对色彩、风格、配饰元素及价格进行调整。要深入分析客户对方案的理解，这样方案的调整才能有针对性。

⑥双方达成一致意见后，制作精确的报价单，签订第二份合同，也就是实施合同。软装公司应收取一部分设计费，通常要求先支付50%～60%的费用，在拿到设计费之前，一般不把方案交给客户，只在交谈中展示方案。

3. 项目实施

①在签订实施合同之后，对产品的品牌进行定型，制定精细的预算单。对于品牌家具，应先带客户进行样品确认；对于定制产品，软装设计师要向厂商索要CAD图并放在方案中。

②与客户签订采买合同，时间应该在与厂商确认的发货时间的基础上增加15～20天，给自己留有应变时间，以免发生意外。与此同时，应与厂商签订供货合同。如果是定制家具，则应注明毛茬家具，生产完成后要进行初步验货，并要在家具未上漆之前亲自到工厂验货，对其材质、工艺进行把关。

③通过财务审核下单，进行采购、加工、发货等一系列程序，软装设计师定期跟进，监督整个流程。一般配饰项目中的家具应先确定采购，其次是布艺和软装材料，最后才是其他饰品。具体情况要根据具体时间来定。

④安装、摆场。摆场也是软装设计师能力的体现，一般按照“软装材料—家具—布艺—饰品”的顺序进行调整摆放，软装设计师应亲自到场摆放。

6.2 软装预算及合同制作

1. 软装预算

项目预算表包括品类、区域、产品、图片、品牌、规格/材质、数量、单价、总价等内容。

软装预算表样例如下表所示。

金华湖头自建别墅预算表（部分）

品类	区域	产品	图片	品牌	规格/材质（长×宽×高/厘米）	数量	单价/元	总价/元
家具	客厅	四人沙发		kuka	438×102×890 真皮	1	50614.00	50614.00
		定制屏风		东厢记	500×4.5×166 黑胡桃木	1	6800.00	6800.00
		圈椅沙发		木译	72.5×53.5×78 榆木	4	1480.00	5920.00
		边几		北欧假日	60×60×55 松木	4	780.00	3120.00
		圈椅		北欧假日	75×75×87 榆木	2	1588.00	3176.00

2. 合同制作

在软装设计中，合同一般可分为软装设计合同和软装实施合同。合同内容包括合同编号、签订日期、委托方、设计方、项目概况、具体的合同条例、双方责任、双方签字及盖章等。

（1）软装设计合同样例

××公司软装配饰设计合同

合同编号：　　　　　　　　　　签订日期：

委托方（以下简称甲方）：

设计方（以下简称乙方）：

根据《中华人民共和国民法典》等有关法律、法规的规定，乙方接受甲方的委托，就委托设计事项，双方经协商一致，签订本合同如下。

一、项目概况

1．项目地点：________________

2．项目名称：________________

3．项目建筑面积：____________，楼层数________层，有（或无）电梯________

二、设计程序

1．甲乙双方经协商，设计费按套内建筑面积每平方米______元计取，设计费总计______元。

2．本合同签订后，由甲方付与乙方方案设计定金，即总设计费的______%，即 ______元。

3．乙方在收到甲方提供的有关图纸，对项目进行实地勘测后______天内，提出设计构想，形成概念方案，由甲方审阅。

4．在甲方确认概念方案并支付软装设计费，即总设计费的______%之后，乙方在______天内完成所有设计方案，包括平面索引图、单品说明图、配饰效果图（__________区域各一张）等，并以PPT形式展示。

5．软装设计方案由甲方负责确认，确认后甲方在索取方案时，需支付尾款______元，即设计费的______%。

6．软装设计方案由甲方签字确认后，并由乙方盖好公司公章后，正式生效。

7．其他约定：____。

▲ 软装设计合同样例

三、双方责任

（一）甲方责任

1．甲方保证提交的资料真实有效，若提交的资料错误或发生变更，引起设计修改，需另付修改费。

2．在合同履行期间，甲方要求终止或解除合同，应书面通知乙方。乙方未开始设计工作的，不退还甲方已付的定金。乙方已开始设计工作的，甲方应根据乙方已完成的实际工作量支付费用，工作量不足一半时，按该阶段设计费的一半支付；工作量超过一半时，按该阶段设计费的全部支付。

3．事先经甲乙双方确认的方案，后期甲方提出2次以上修改，导致乙方工作量增加的，需加付设计费。

4．未经甲方确认，或未付清设计费的方案均不能外带。

5．甲方要求更改方案须经乙方同意，如甲方执意要改的，其一切后果均由甲方自负。

6．甲方有责任保护乙方的设计版权，未经乙方同意，甲方不得将乙方交付的设计方案向第三方转让或用于本合同外的项目，如发生以上情况，乙方有权按设计费的双倍收取违约金。

7．甲方在设计图纸上签字或付清全部设计费均可作为甲方对设计方案的签收和确认。

（二）乙方责任

1．乙方按本合同约定向甲方交付设计文件。

2．乙方对设计文件出现的错误负责修改。

3．合同生效后，乙方要求终止或解除合同，应双倍返还设计定金。

4．乙方负责向甲方解释方案和协助解决其他相关的疑难问题。

四、其他

1．如本设计项目非本公司采买，由于各种原因需乙方多次到实施现场的，市区内甲方应支付乙方________元/次的外出费，市区外甲方应支付乙方____元/次的外出费，甲方承担交通费和差旅费。

2．本合同在履行过程中若发生纠纷，甲方与乙方应及时协商解决。协商不成的，可诉请人民法院解决。

3．本合同未尽事宜，双方可签订补充协议作为附件，补充协议与本合同具有同等效力。

4．本合同一式两份，甲乙双方各执一份。本合同履行完后自行终止。

甲方（盖章）:	乙方（盖章）:
甲方代表签名:	乙方代表签名:
电话:	电话:
地址:	地址:
日期:	日期:

▲ 软装设计合同样例

（2）软装实施合同样例

××公司软装实施合同

合同编号： 签订日期：

委托方（以下简称甲方）：

设计方（以下简称乙方）：

兹有甲方委托乙方承担____________项目室内软装定制、采购、摆放工作。根据《中华人民共和国民法典》等有关法律、法规的规定，乙方接受甲方的委托，就委托设计事项，双方经协商一致，签订本合同如下。

一、项目概况

1．项目地点：____________________________

2．项目名称：____________________________

3．项目建筑面积：____________，楼层数________层，有（或无）电梯 ________

二、软装设计项目实施内容

1．报价清单（包括家具、灯具、布艺、饰品、花卉等）。

2．采购预算（包括采购物品的名称、规格、数量、单价、总价等）。

3．工作周期表。

三、工作周期

1．采购阶段：根据前期设计方案，进入采购阶段，甲方应先付预付款________元，乙方在收到甲方的预付款之后的________个工作日内完成物品的定制或采购工作。

2．安装摆放阶段：定制或采购工作完成之后，甲方确定现场的硬装工程已施工完毕，并清洁好现场之后，乙方到达现场完成物品的安装、摆放工作。进行该工作时，主设计师必须在场，确保现场的摆放效果。

3．该工作周期为________天（从合同生效日算起）。

四、甲方责任及权利

1．甲方应按合同约定的时间和金额及时支付工程进度款。

2．甲方若在合同签订后，在该项目进行阶段无故单方面终止合作，若乙方还未完成定制或采购，甲方需按照乙方已经完成的工作量支付相应的费用，并支付乙方项目款10%的违约金；若乙方已完成定制或采购，则甲方需按照乙方已经定制或采购的物品价格全额赔偿。

▲ 软装实施合同样例

3．在项目进行的过程中，甲方需要安排一名主负责人负责与软装设计师沟通交流，若甲方中途更换主负责人，需书面通知乙方，直到项目结束。

4．若因甲方原因导致项目时间滞后，乙方概不负责。

5．乙方向甲方提供的各种资料，甲方有权保护，未经允许，甲方不得私自转给第三方。否则，乙方将追究其法律责任。

6．在陈设物品到达现场的摆放阶段，乙方有责任协助甲方（主要负责）保护其成果，若有人为破坏，乙方可协助修复，甲方需承担相应的费用。

五、乙方责任及权利

1．乙方按照合同规定时间及时向甲方提交相应的材料和服务，若无故延迟交货，或未按照合同规定时间完成工作，乙方需按日支付甲方未付金额1‰的违约金。

2．乙方需保证项目设计文件的质量，若乙方提供的物品存在质量问题，乙方需无偿更新，并承担相应的费用。

3．若因自然因素或其他不可抗力造成项目时间延后，乙方不承担责任。

4．若因对所选物品的看法不同，造成双方的争议，乙方应尽量与甲方协商，并满足甲方的购买意图。

六、费用给付金额及进度

1．本项目软装费用总金额合计人民币____________元整（大写），__________元整（小写）。

2．本项目软装费用共分3期，在合同签订后3日之内，甲方需向乙方支付总费用的60%作为预付款，合计人民币______________元整（大写），__________元整（小写）。

3．货到现场甲方检查并签收后需支付乙方总费用的35%，合计人民币________元整（大写），__________元整（小写）。

4．现场软装摆放设计完毕后，于当天交付甲方验收，验收合格后，甲方支付乙方该项目5%的尾款，合计人民币______________元整（大写），__________元整（小写）。

七、物品的接收

1．乙方采购的物品到达项目所在城市之后，甲方需现场接收并查验，无异议后签字确认。

2．若因运输过程造成物品的破损或毁坏，乙方负责协助甲方协商解决。

3．甲方在确认现场的硬装工程全部结束并清洁好现场后，需书面通知乙方。乙方收到确认函后，方可到达现场工作。

八、物品摆放过程中，甲乙双方的配合

1．在项目现场摆放阶段，甲方需确保现场无与该项目无关的人员在场。

▲ 软装实施合同样例

2．甲方负责安排人员将物品搬运到现场，完成物品的开箱工作并核对数目。

3．甲方需安排一名主要负责人在现场与软装设计师随时沟通，处理相关事件。

4．甲乙双方负责人需随时清理物品摆放过程中出现的垃圾，保证环境卫生。

5．在现场摆放阶段，甲方负责物品的安全，保证物品不会遗失。

九、质量的保证及验收

1．若采购的物品因为市场因素出现问题，或现场的摆放效果不理想等，在征得甲方的同意之后，乙方可进行调整。

2．甲方需在乙方将配饰摆放完成后，检查验收，并支付剩余尾款。甲方若无故拖延或未验收，则视为验收合格。

十、其他

1．在项目进行期间，甲乙双方若有纠纷，应尽量协商解决。未果，可在当地人民法院起诉。

2．本合同在项目完成，双方履行完各自的义务之后，自动解除。

3．对于合同中未尽的事宜，可附加补充协议。补充协议与本合同具有同等的法律效力。

4．本合同一式两份，甲乙双方各执一份，合同自双方签字盖章之日起生效。

甲方（盖章）:	乙方（盖章）:
甲方代表签名:	乙方代表签名:
电话:	电话:
地址:	地址:
日期:	日期:

▲ 软装实施合同样例

B-1
A-

软装设计项目实战篇

本篇知识要点

- 居住空间软装设计
  - 项目一 新中式风格软装设计
  - 项目二 意式轻奢风格软装设计
- 公共空间软装设计
  - 项目一 酒店软装设计
  - 项目二 咖啡厅软装设计

第 7 章

居住空间软装设计

人们在时尚的家居环境中感受如梦般的闲情，忘记城市的喧嚣，享受宁静的居家氛围。忙碌之余，有那么一处空间可以让人肆无忌惮地遐想、放松，是多么惬意。

项目一
新中式风格软装设计

项目分析

随着民族风的兴起，社会各界逐渐开始重视民族风情，家居设计也加入了中国风的元素。民族的就是世界的，民族的就是时尚的。快节奏的生活，使新中式风格流行起来。新中式风格既弥补了传统中式风格对现代生活方式的不适应和现代风格过于冷清的不足，又满足了现代人对传统精神文化的追求。新中式风格取中国传统文化之精髓，以现代的设计眼光，兼顾现代人对生活的理解和追求，摆脱传统中式风格那种过于追求庄重典雅而缺乏时尚、温馨的古板印记，巧妙构思、精雕细琢，将典雅庄重和现代时尚融于一体，体现出现代人的包容性和人文性，表现了中国人对生活的期待。下面通过一个完整的新中式风格软装设计项目，来掌握新中式风格软装设计的思路和方法。

知识要点

1. 设计之源——文化背景

要把握好新中式风格的软装设计，首先必须了解中国的文化底蕴，进行多方面的知识积累，对中国的传统建筑、绘画、雕刻、服装、器皿、茶道礼仪等方面的知识进行融会贯通，因为这些都将成为新中式风格软装设计的元素。

（1）传统建筑

在中国古代，私人空间与待客空间是严格分开的，厅堂的设计更注重礼仪制度，所以陈设多讲究对称端正。

▲ 传统格栅窗在空间中的应用，瞬间提升了空间的档次，加上不同颜色、材质的家具，使空间既传统又现代，既耐看又高级

（2）绘画

中国画是中国传统的绘画艺术，绘画内容包括山水、人物、花鸟等。中国画一般分为写意画和工笔画。写意画即用简练的笔法描绘景物，多画在生宣上，大笔挥洒，墨彩飞扬，其较工笔画更能体现景物的神韵，也更能直接抒发作画者的感情；工笔画则是以精谨细腻的笔法描绘景物。新中式风格软装设计自然少不了中国画。

▲ 以祥云为元素的床靠简洁美观，搭配古朴的中国花鸟图案，时尚中带有淡淡的传统韵味

（3）雕刻

雕刻是人类文明前行的见证者，是最典型的造型艺术。中国的木雕、石雕、砖雕都是举世闻名的，特别是明清时期木雕工艺非常发达。在宫殿、寺庙、宅邸、会馆及园林建筑中，雕刻应用广泛，留下了很多实物，具有很大的参考价值。雕刻在新中式风格软装设计中同样应用广泛。

（4）服装

服装是文化的表征，是思想的形象化载体。中式服装源远流长，从原始社会到近现代，其一直以鲜明的特色为世界所瞩目。中式服装的细节设计、装饰设计、风格设计都反映出对应时期设计者的别出心裁。中式服装是新中式风格软装设计中的元素之一。

▲ 中式服装

（5）器皿

中式器皿种类之繁、造型之美，堪称世界之冠。各种器皿的图案、色彩、造型、颜色、材质等都将成为新中式风格软装设计的一部分。

▶ 中式器皿

（6）茶道礼仪

茶道属于东方文化，早在唐朝就有了“茶道”这个词。古人品茶讲究六境：择茶、选水、候火、配具、环境和品饮者的修养。古人品茶时，一招一式都有极严格的要求和相应的规范。因此，品茶有“一人得神，二人得趣，三人得味”的说法。在新中式风格的室内陈设中，茶席是必不可少的。茶席的布置通常要先确定茶器，然后再根据茶客与茶器的关系来进行布置。茶席的布局十分重要。在茶席的布置中，茶壶是主题表现物，必须与茶海、茶托等互为呼应，通过对比来表现主题。茶席铺垫主要是为了烘托主题，提升茶席布置的艺术品位，茶席铺垫的色调、图案、质地及风格往往决定了整个茶席的主基调。

◀ 茶托、茶席铺垫等茶具套件

从材料上说，茶席铺垫可以用布、丝、绸等材料制作，也可以用原木、红木、大理石等进行布置。茶具的摆放要进行场景设计，要求实用美观、布局合理、注重层次、有线条的变化。例如，茶具应由低到高摆放，将位置低的茶具放在客人视线的最前方；壶嘴不宜对着客人，以表示对客人的尊重；茶具的图案要面对客人，并且茶具要摆放整齐。此外，除了合理摆放茶具，还应使用插花、盆景、香炉、蜡烛及小工艺品进行装饰，以营造氛围。

▲ 中式茶室设计

2. 设计工具——软装元素

（1）家具

中国传统家具中最具代表性的是明清家具，它们雕刻精致，成本较高，意蕴优美，但不具备现代生活所要求的舒适性和简便性，因此新中式家具应运而生。下面从3个方面介绍新中式家具的特色。

①形态。中国传统家具的风格形态最具韵味，因此新中式家具设计中常用的手法就是尽可能保持中国传统家具原有的结构，并在此基础上进行改造，使之既具有传统的造型，又有现代的时尚感，从而给人一种全新的感受。这种新形态对设计师和使用者来说都是一种美的体验。

▲ 在原有结构上改造

②材质和色彩。中国传统家具天然、大气、雅致、祥和，在用材上讲究木质优良，在颜色上多为原木色、棕色、深红色等，因此新中式家具不管是木制还是藤编，均以展现材料原来的质感和颜色为主，只是在外观上做了大量的简化。

▲ 展现材料原有的质感和颜色

③传统符号。设计师们对传统装饰特征、图形符号进行变形、夸张、简化等处理，利用现代新型材料进行加工设计，让现代与传统有效结合。

▲ 传统符号应用

（2）布艺

新中式布艺的特点主要体现在两个方面。一是对中国传统图案（几何纹、器物纹、文字纹、植物纹、动物纹及人物纹等）的运用，题材上以吉祥图案为主，体现人们对美好生活的向往和寄托。二是对布艺材料的选择。丝绸是中国古老文化的象征，承载着中国的人文精神，给人高贵典雅、自然飘逸的感觉，是新中式布艺的首选材料。丝绸布艺包括丝绸画，丝绸材质的桌旗、床旗、抱枕、坐垫、屏风等。另外，棉麻材料也是新中式布艺常用的，适用于带有禅意、崇尚自然的空间。

▲ 新中式布艺

（3）灯具

新中式灯具的造型讲究对称和色彩对比，图案多为中式元素，如传统雕刻图案、山水花鸟图案等，强调古典和传统文化神韵；材料以镂空或雕刻的木材居多，显得宁静古朴。另外，陶瓷是中国几千年来文化与品位的载体，所以陶瓷灯也是新中式灯具的典范。

▲ 新中式灯具

（4）饰品

①民族工艺品。我国有56个民族，每个民族都有自己的特色，有自己独特的色彩和工艺表达形式。使用这些具有民族特色的工艺品点缀空间，更能表现出新中式风格的典型特征。

▲ 民族工艺品

②画品。传统中式风格设计中运用最多的画品就是中国画，而新中式风格运用的画品中加入了现代元素。

▲ 新中式山水画打破了传统山水画的画法，用简易的处理方法来表现山水

▲ 晶瓷画是新中式轻奢风格空间中常见的画品，优雅的麋鹿充满自然之意，可以引发观者的想象，同时“鹿”音同“禄”，寓意福禄、吉祥

③ 摆件。新中式摆件多种多样，有些有着深刻的寓意，如用鹿造型的摆件做装饰代表福禄，用喜鹊造型的摆件做装饰代表喜气。

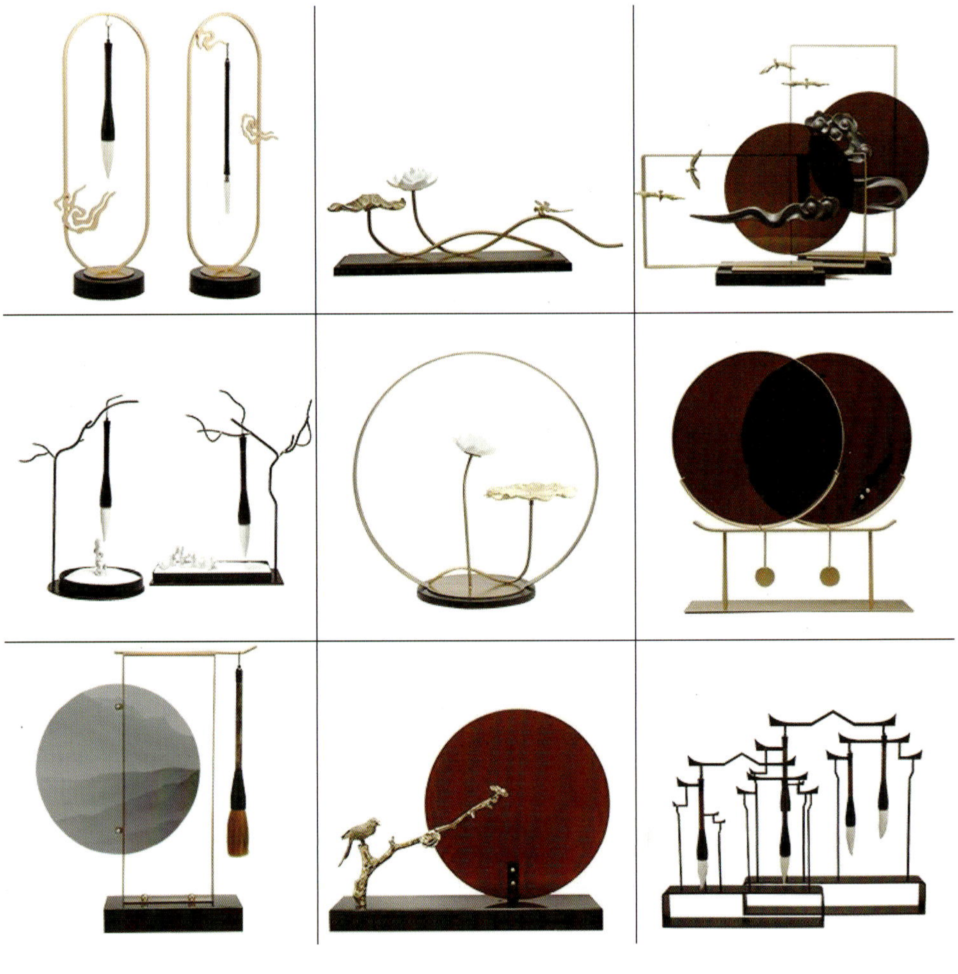

▶ 富有意境的新中式笔架摆件

▶ 鹿、喜鹊都是中国传统的吉祥动物，以此作为设计元素做出的摆件寓意深远

④瓷器。瓷器以其独特的民族文化特色代表着中国悠久的历史文明。精美的图案、丰富的色彩、精湛的工艺，都体现着中国传统文化的面貌。新中式风格软装设计运用陶瓷元素也已成为一种趋势。

▶ 新中式风格空间中的瓷器

⑤乐器。中国乐器历史悠久，种类繁多，如古筝、古琴、埙、二胡、琵琶等。在新中式风格的空间里摆放一把古琴，会营造出意想不到的意境。

▲ 新中式风格空间中的乐器

3. 设计整合——空间搭配

（1）空间分析

①客厅。客厅是整个住宅的中心，沙发是客厅的主体，其应该与客厅整体的色调及风格相协调，在造型上可以将传统与现代相结合。客厅的布艺、灯具、饰品等应根据家具的定位来选择。客厅的饰品要耐看，色调要和主色调统一。客厅应尽量以现代人的审美需求来打造具有传统韵味的装修风格。茶几上可以摆放风格与客厅一致的茶具，也可以摆放新中式烛台。

▲ 中堂屏风门采用中式传统的对称手法，家具的造型既有传统的韵味，又带着现代的时尚感，整个空间显得高贵、脱俗，是时尚与传统的完美结合

▲ 花艺的点缀让用餐环境瞬间变得清新自然，窗格与吊灯也给空间增添了几分中式韵味

②餐厅。餐厅要与客厅及整个空间的格调保持一致。中式餐厅氛围的营造更应考虑中国的传统理念，如桌布可以考虑使用具有中国特色的带流苏的丝绸，餐桌上可摆放茶具等，再加上书画的点缀，可以使餐厅更具中式韵味。

③卧室。卧室的布置最主要的是床及织物的选择。床可以选择中式传统架子床。床品可以选择有传统图案的床单，材质一般以棉、麻及丝绸为主，床旗、墙纸和抱枕可用中式刺绣，窗帘可以选择素雅的颜色。另外，梳妆台上也可以摆放具有中式特征的梳妆盒等，尽量将传统文化元素运用到空间装饰中，以使其具有文化韵味。

▲ 中式传统架子床的应用

▲ 传统风格床品的应用

④书房。书房的布置可以从书柜、书架的造型及陈列着手，如摆放青花瓷瓶、檀香扇、书画罐等，以渲染气氛。

▲ 书架与多宝格融为一体，书架上陈列的瓷瓶、书籍给书房增添了更多的书香气息。中间的背景墙采用大理石的材质，使空间多了一些现代感

（2）色彩分析

新中式风格软装设计中，红色是我们经常遇到的一种颜色。除了红色，青花蓝、水墨黑、青灰色、钛白色、绿色、黄色等也是新中式风格软装设计中常见的颜色。设计师应根据使用者的爱好和个性，选择相应的颜色进行搭配，以渲染出富有中式特色的氛围，打造出一个时尚而又具有中式经典风情的生活空间。

▲ 墙体素极，水泥与涂料足矣；屏风艳极，与墙体对比更显华丽

▲ 黑色、白色与灰色的搭配

▲ 红色与黑色的搭配

▲ 传统雕刻图案在空间中的应用，使中式风格的氛围感瞬间拉升，青花蓝的点缀更是锦上添花

项目实施

客户需求涉及户型、面积、格局、定位等，软装设计师应根据客户需求确定平面布置图、整体风格、色调等。

概念方案：湖州镜湖春秋软装设计方案

作者：吴越波

▲ 新中式风格软装设计拓展案例

（1）封面

◀ 封面是一套方案的门面，会影响客户对方案的第一印象。封面和整套方案有着密切的联系，应体现整套方案的灵魂。本方案从封面上就传达出了整套方案的主题、色彩及风格等信息

（2）目录

◀ 目录相当于整个项目的提纲，其设计应与整套方案的风格保持一致，并以简洁明了的形式进行展示

（3）项目概况

户型：独栋别墅

客户定位：男主人是集团高管，爱好品酒和收藏；女主人是著名作家，爱好琴棋书画；二人育有一儿一女，儿子喜好音乐，女儿喜好园艺。老主人在海外生活多年，学贯中西。

◀ 项目概况是对项目的大致介绍，是整套方案中不可或缺的部分。本方案采用示意图与文字结合的方式阐述了项目的基本情况

（4）灵感来源

灵感来源
以水墨声色渲染出独特的意境，让东方为魂、时尚为骨的设计精髓得到最好的诠释和注解。

◀ 设计来自灵感，一个故事、一部电影、一幅画都有可能给设计师带来灵感，设计师从中寻找主题，提炼色彩，并使主题贯穿整套方案

（5）主题分析

主题分析
后东方
后，指放在后面。顾名思义，后东方就是将东方文化置于里层，而表层则是带有典型江南特色的舒适、柔软、现代且略带时尚感的风格。
文化是一种养成习惯的精神价值和生活方式。那么，我们所谈论的东方文化以及由此形成的生活美学，在“现代”的语境下，应该以什么样的面貌来呈现？近10年间，越来越多的东方传统文化构图、审美和意境表达出现在中国人的居所里，但具象元素、传统的材质工艺日益减少，取而代之的是清新脱俗的东方精神，这便是一个由表及里的过程，背后是觉醒的文化自信。

◀ 主题是整套方案的中心所在，有主题的设计才有灵魂，设计师围绕主题展开设计会让方案更加统一协调，也更具灵性

（6）色彩分析

色彩分析
在和谐的色调中寻找质感和层次的对比
整体设计以浅灰色、米色等现代简约色系为主，不同的空间伴有明度与冷暖的调和，同色系中亦用饱和度的变化来突出层次感。它们互相穿插，互相浸染，一如一幅当代水墨画。

◀ 色彩是软装设计中很重要的一部分，设计师在设计方案之前应该对项目的色彩做整体的规划，可以从一些灵感图片中提炼色彩，将其作为项目所需的色彩搭配

（7）平面图示

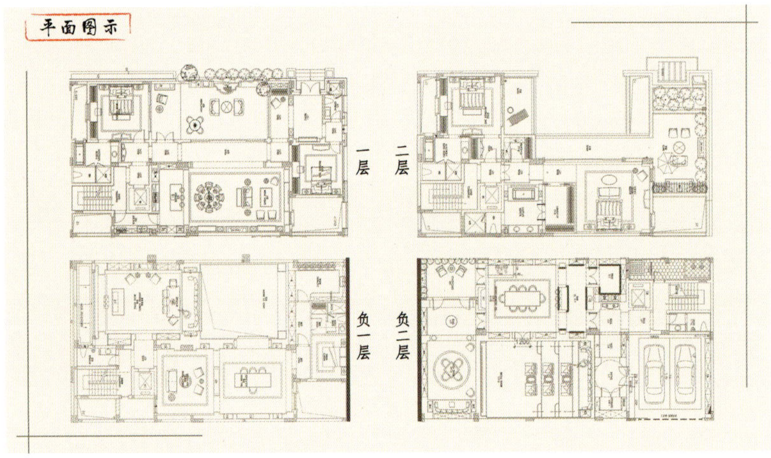

◀ 平面图示主要是对项目硬装的展示，软装必须在硬装的基础上进行设计和搭配，因而需要与硬装相协调

（8）各空间方案设计

在了解项目概况、硬装基础，确定风格特征、设计主题及主要的色彩搭配后，就可以对项目做总体的设计与搭配，并对空间的每一个区域进行软装的设计与搭配了。

客厅示意
客厅以浅灰色、米色等现代简约色系为主，象征中式风格的水绿色于通体的硬朗气质中做点睛，既体现了主次关系，也赋予了空间一种东方意蕴的奢华：由表至里，含而不露。

◀ 客厅示意是通过意向图对客厅做大致介绍，使客户对自己未来的家有概念上的认识

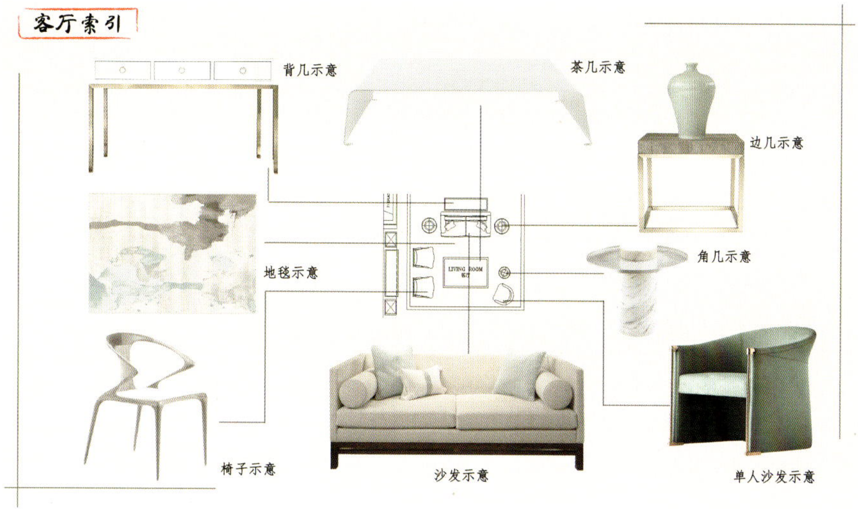

◀ 客厅索引是指根据平面图对客厅的主要软装产品进行标注，让客户明白什么位置该摆放什么家具

◀ 客厅效果是指客厅主要软装产品摆场后所呈现的空间效果

◀ 客厅是居住空间中最主要的公共区域，客厅的立面陈设也很重要，可以通过立面展示的方式展现其陈设效果

餐厅效果
客厅、餐厅之间不设区间隔断，如此，一个贯通的大空间便构成了一层的体验架构，便于聚会互动且让人感觉开敞舒适。水绿色的橱柜与位于客厅视觉中心的大体量白色石材壁炉相搭配，给人现代但不失禅意的意境感受。

◀ 这是摆放桌椅之后餐厅的总体效果

◀ 厨房效果可以通过意向图和厨房陈设品的摆放等进行展示

◀ 这是主卧软装产品摆放好之后的空间效果

主卧床品

◀ 图中展示了床品的样式、面料和色彩

女孩房效果

◀ 女孩房中家具、灯具、墙面装饰、窗帘、饰品等的色彩跟整套方案保持统一，粉绿色加藕粉色的点缀，使空间充满少女感

老人房效果

◀ 老人房采用了米色系，显得低调又有内涵。背景用了松鹤图案的墙纸，寓意长寿。水绿色的太师椅点缀，使此空间的设计跟整套方案相呼应

主卧衣帽间效果

◀ 衣帽间的设计也是跟整套方案相呼应的，无论是色彩还是柜子的款式，都能恰到好处地与其他空间融为一体

棋牌室效果

◀ 棋牌室虽然只是休闲区的一角，但是其设计不容忽视，水绿色的桌面刚好和其他空间形成了较好的呼应

琴房效果

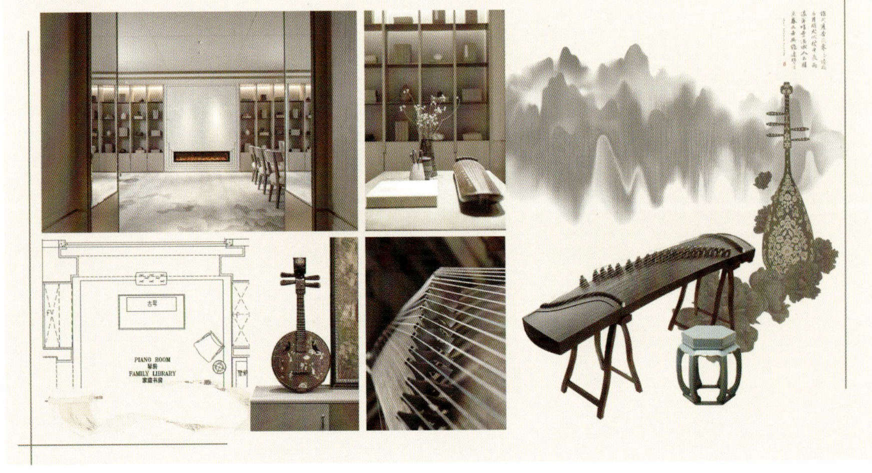

◀ 琴房干净利落，没有太多的装饰，陈设女主人喜欢的乐器足矣，水绿色的凳子同样起到了点缀、呼应的作用

窗帘示意

◀ 图中对窗帘的样式、材质及颜色搭配做了全面的交代，让客户一目了然

露台效果

◀ 露台的设计迎合了整套方案的风格、色彩，落地灯的样式自然而又带点中国风，是点睛之笔，整个空间显得舒适、雅致又大方

项目二

意式轻奢风格软装设计

▲ 意式轻奢风格软装设计拓展案例

由于软装设计的项目分析具有一致性，因而可参考项目一“新中式风格软装设计”项目分析，此处不再赘述。下面直接介绍具体方案。

概念方案：义乌滨江公园壹号软装设计方案

作者：曾心怡

（1）封面

◀ 以封面传达方案的主题、色彩、风格等信息

（2）目录

◀ 目录与整套方案的风格保持一致，展示方案内容

（3）项目概况

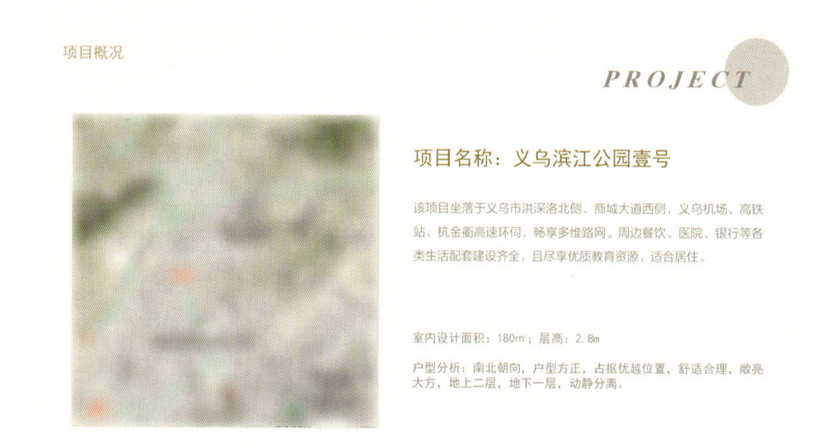

项目概况
PROJECT
项目名称：义乌滨江公园壹号
该项目坐落于义乌市洪深洛北侧、商城大道西侧，义乌机场、高铁站、杭金衢高速环伺，畅享多维路网。周边餐饮、医院、银行等各类生活配套建设齐全，且尽享优质教育资源，适合居住。
室内设计面积：180㎡；层高：2.8m
户型分析：南北朝向，户型方正，占据优越位置，舒适合理，敞亮大方，地上二层，地下一层，动静分离。

◀ 以项目概况大致介绍项目情况

（4）客户定位

客户定位
DOLCI
本案业主年龄在30～50岁，属于中高知人群，具有较高的生活水平，拥有一定的财富积累，追求高品质生活，对设计艺术具有独特见解。

◀ 客户定位，详细分析客户特征，以了解其对软装设计的需求

（5）平面布置

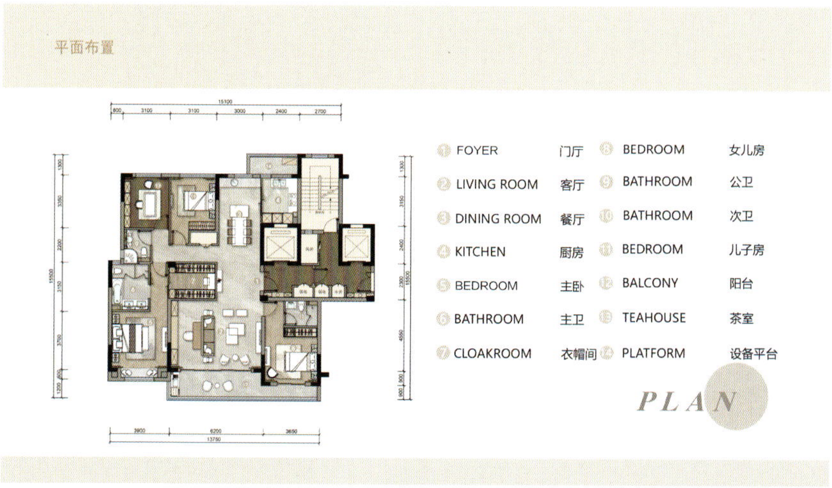

◀ 对项目硬装的展示，软装要在硬装的基础上进行设计和搭配

（6）风格定位

◀ 风格定位用来明确设计风格分类

（7）色彩分析

◀ 色彩分析呈现设计方案的整体色系和冷暖色调

（8）空间分析

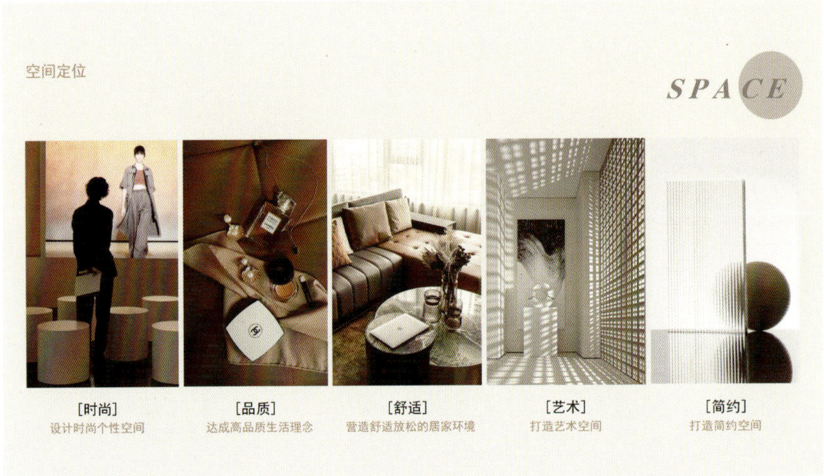

◀ 对空间整体的概念定位

（9）材质分析

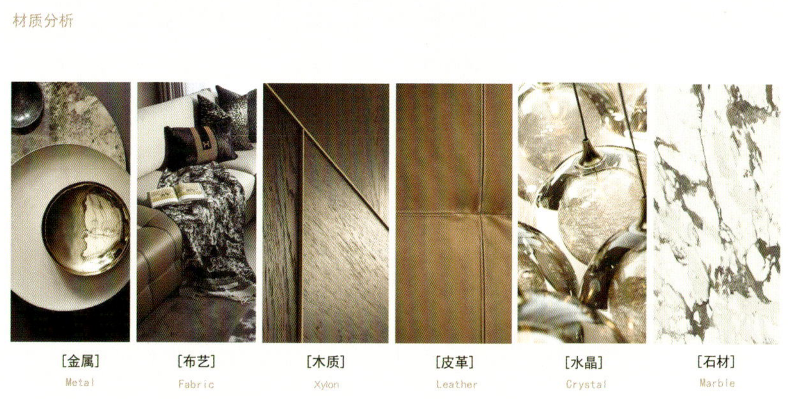

◀ 对设计方案中使用到的材质的呈现

（10）主题元素

主题元素
万物于此|居于自然
隐奢野趣中的自然浪漫主义
THEME
主题思路：以“生态健康的居住环境”为情感纽带，围绕“秘境”“野趣”“栖息”等，将对自然的仰止内化于空间之中，强调家庭融合，并以神秘而有趣的自然之物串联生活的线索。自然与生活，在住宅与人的情感之间产生双向关联，时光流转，珍贵永存。

◀ 对主题思路的介绍

（11）各空间方案设计

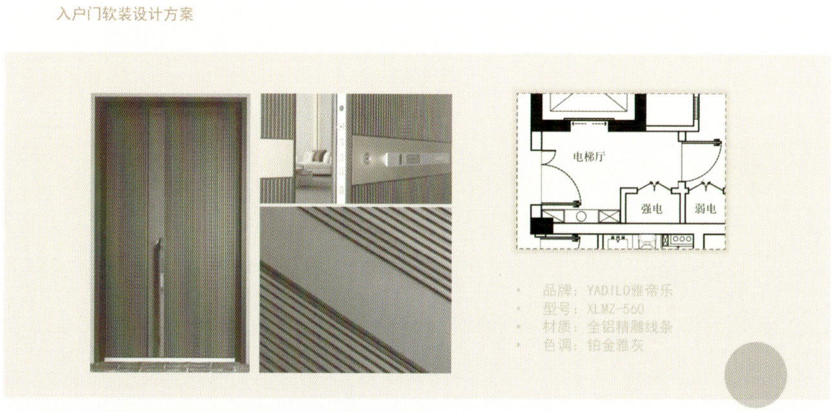

◀ 入户门设计

入门鞋柜设计

玄关设计

客厅设计

客厅索引图

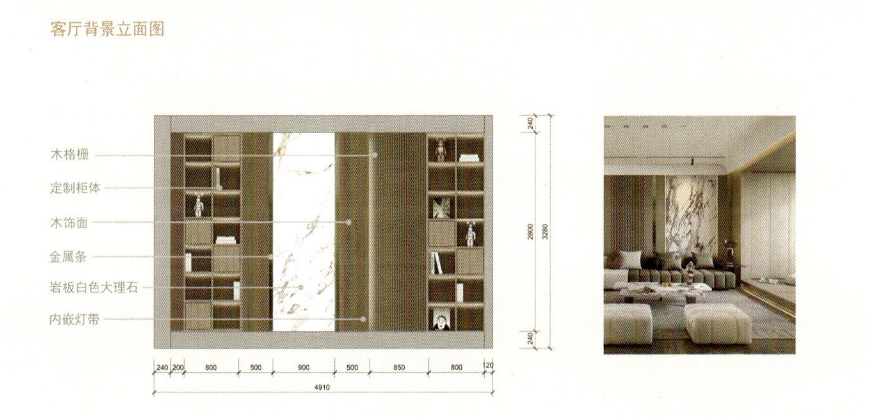

客厅背景立面设计

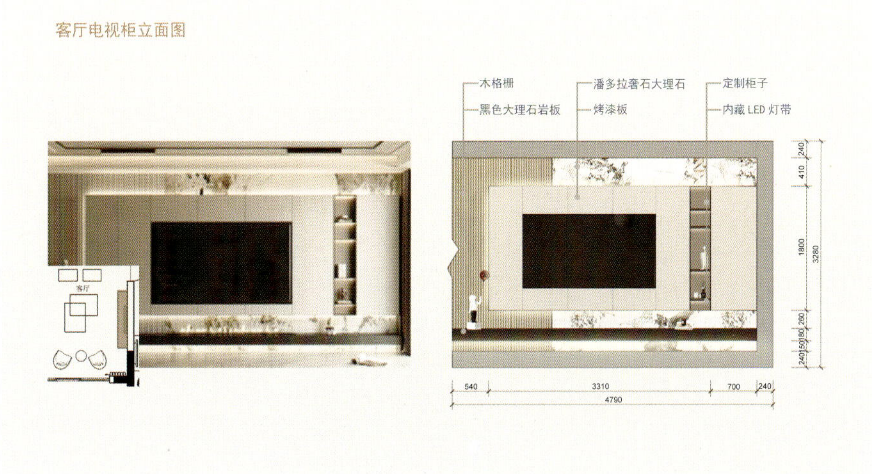

客厅电视柜立面设计

书房软装效果图

HOME
在温馨的家里，创造一种宁静与和谐，完成人与自然的交融。

◀ 书房设计

餐厅软装效果图

◀ 餐厅设计

厨房软装效果图

◀ 厨房设计

主卧软装效果图

◀ 主卧设计

主卧飘窗软装示意

◀ 主卧飘窗设计

主卧床品图

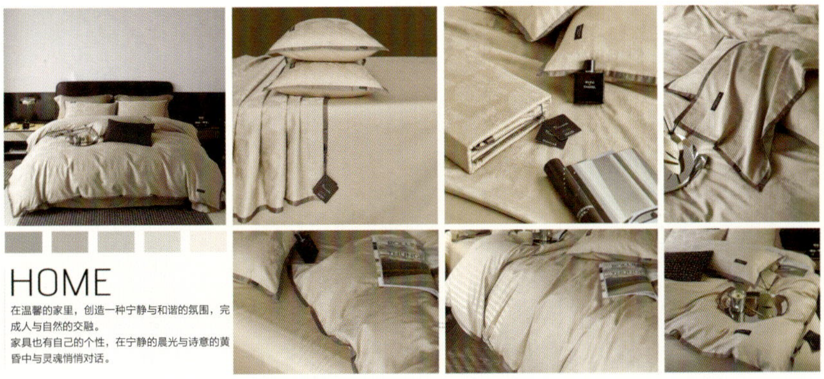

HOME
在温馨的家里，创造一种宁静与和谐的氛围，完成人与自然的交融。
家具也有自己的个性，在宁静的晨光与诗意的黄昏中与灵魂悄悄对话。

◀ 主卧床品设计

◀ 主卫设计

◀ 衣帽间设计

◀ 女儿房设计

女儿房床品图

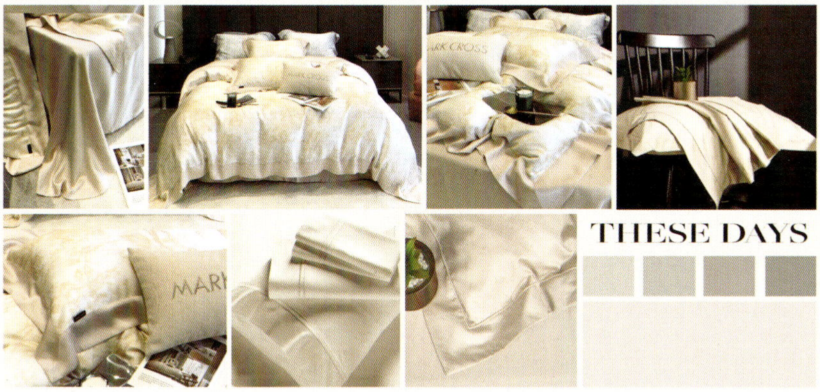

◀ 女儿房床品设计

女儿房卫生间效果图

◀ 女儿房卫生间设计

儿子房软装效果图

◀ 儿子房设计

◀ 儿子房床品设计

◀ 茶室设计

◀ 公卫设计

休闲阳台软装效果图

◀ 休闲阳台设计

生活阳台软装效果图

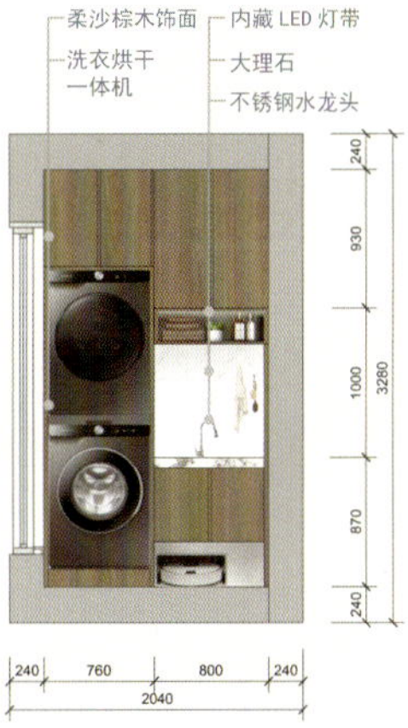

◀ 生活阳台设计

空间墙面装饰立面图

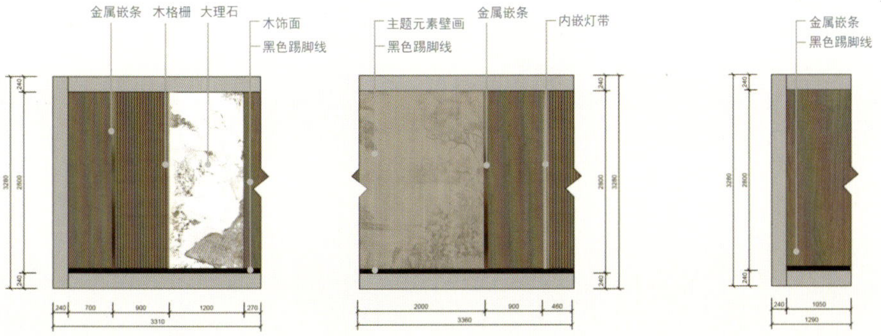

◀ 墙面设计

第 8 章

公共空间软装设计

公共空间软装所依赖的并不是艺术风格、样式、流派，而是一种集体或群体的空间精神，它是人类整体改造自身生存环境的外部条件。

项目一 酒店软装设计

项目分析

文化是室内空间的灵魂。一个好的室内空间，除了能让人体会到生活的便利与实用性，还能够通过文化辐射、影响人们的精神生活。

软装设计其实就是文化与产品融合的过程，是一种将抽象的设计理念转换成具象的实体产品的过程。软装设计师需要通过产品与使用者做思想上的沟通，还需要最大限度地挖掘软装元素的文化表现力。因此，酒店的软装设计应从酒店文化着手。此外，软装设计师也可以从造型、材料、社会意识等方面着手，跨越时间与空间，把传统的情感与现代的技术连接起来，体现出软装设计的文化内涵。

知识要点

1. 酒店软装设计的要点

（1）以人为本

从整个酒店软装设计的布局、风格、色彩，到酒店软装饰品的选择和摆放，都应展现“以人为本”的设计理念，使客人在酒店得到舒适的享受、美的体验。

（2）尺寸

酒店是个大型空间，但酒店内部的每一件家具、每一件软装配饰都有自己的尺寸。每件物品存在于空间中时都会与空间产生必然的联系，成为空间的一部分，因此要考虑其尺寸。

（3）色彩

不同明度和饱和度的色彩，会带给人不同的感觉。软装设计师可以利用这种微妙的色彩特性来增强设计的效果。当然，软装设计师也必须注重色彩的运用，使色彩协调的同时不增加累赘感或造成视觉负担，从而增强酒店整体软装设计的效果。

（4）文化风俗

酒店可以突出一个地方的文化风俗及当地人的生活习惯等，它是文化的一个索引。软装设计师应将优秀的文化风俗融入酒店的软装设计中。

（5）氛围

酒店的软装设计要营造出酒店特有的氛围和情调，让客人宛若置身于家中。对不同客源、不同市场的“标准房”，都需要进行相当专业的软装设计。

2. 设计工具——软装元素

（1）家具

酒店家具设计的原则包括实用性、美观性、耐用性、安全性、注重细节，以及强调与环境的协调性。对客户来说，酒店家具的设计应满足其个性化体验需求、健康环保需求、便捷舒适需求和社交互动需求。现阶段，酒店家具的设计趋势主要有以下几点。

▲ 弧形设计的家具，造型简洁、时尚，且能自由组合，灵活多变，适合现代风格

①极简主义风格：酒店家具倾向于采用极简线条、纯净色彩与几何形态，强调功能与美学的和谐统一。

②个性化定制：酒店通常会根据自身的定位、地域文化和目标客群特征来定制专属家具，以塑造独特的品牌形象。

③绿色环保理念：酒店家具一般选用环保材料，实施绿色生产流程，设计易于拆装与回收的结构，并融入节能减排的元素。

④智能化融合：科技的发展推动了智能化家具在酒店领域的广泛应用，而智能化家具的应用极大地提升了宾客的便利性与舒适度。

⑤多功能与灵活性：酒店家具注重对空间的有效利用与功能的多样化，如设计成可伸缩、可变形、可折叠的形式。

▲ 造型简洁、色彩纯白的家具，融合在极简的装饰风格之中

（2）布艺

酒店的主要布艺体现在床品、窗帘、地毯及装饰上。其中，床品一般选择较为素雅、柔和的中性色调；窗帘、地毯应根据酒店的具体风格来选择，应选择品质较好且防火的材质，特别是地毯，一般星级酒店不允许使用化纤地毯；布艺在酒店的装饰上应用也颇多，如顶棚的设计。

▲ 酒店床品应与酒店整体的风格、色调相协调。合适的布艺会使酒店更显档次、更有个性

▲ 低饱和度的绿色系柔和雅致，棉麻的材质舒适朴实，与空间、环境融洽和谐，很适合山间的民宿或酒店

▲ 顶棚飘带的设计为空间增加了生机与活力，营造出幽雅、生动的氛围，给人带来与众不同的视觉体验

（3）灯具

按照使用空间可将灯具分为酒店大堂或酒店宴会厅等大型室内公共空间的装饰灯具；小型餐厅包房或会议厅的造型灯具；酒店客房使用的客房灯，包括一些壁灯和射灯；公共过道或走廊使用的照明类灯具；用于照射室外楼宇的灯具。

▲ 大堂灯具造型大气，运用国风元素进行设计

▲ 宴会厅前厅灯具

▲ 公共走廊灯具采用蜡烛造型，传统与现代相融合

▲ 餐厅灯具采用树枝造型，与空间的原木装饰相互映衬，营造古朴自然的风格

▲ 通过灯光的设计让空间色彩形成对比，带来强烈的视觉冲击力

（4）饰品

①装饰画。装饰画一般作为墙面陈设物出现在酒店装饰中。装饰画题材应根据酒店风格来定。在布置时，首先要考虑装饰画摆放的位置，应选择较醒目、位置宽敞的墙面；其次要考虑装饰画的面积、数量，以及装饰画与墙面或邻近家具的比例关系是否合适，是否符合美学原则。装饰画在酒店中运用广泛，巨幅的画作极易给人带来震撼感。其在酒廊、等候区、洽谈区使用较多。

▲ 画面抽象简洁，色彩搭配时尚大气

▲ 装饰画在酒店空间中的运用

②装饰摆件。装饰摆件的应用不仅能提升酒店的美观度，还能反映出酒店的文化特色和审美品位，为客人提供更加舒适和愉悦的住宿体验，进而提升酒店的整体形象和市场竞争力。装饰摆件一般应用在酒店的大堂、前台、走廊、客房和公共区域等。

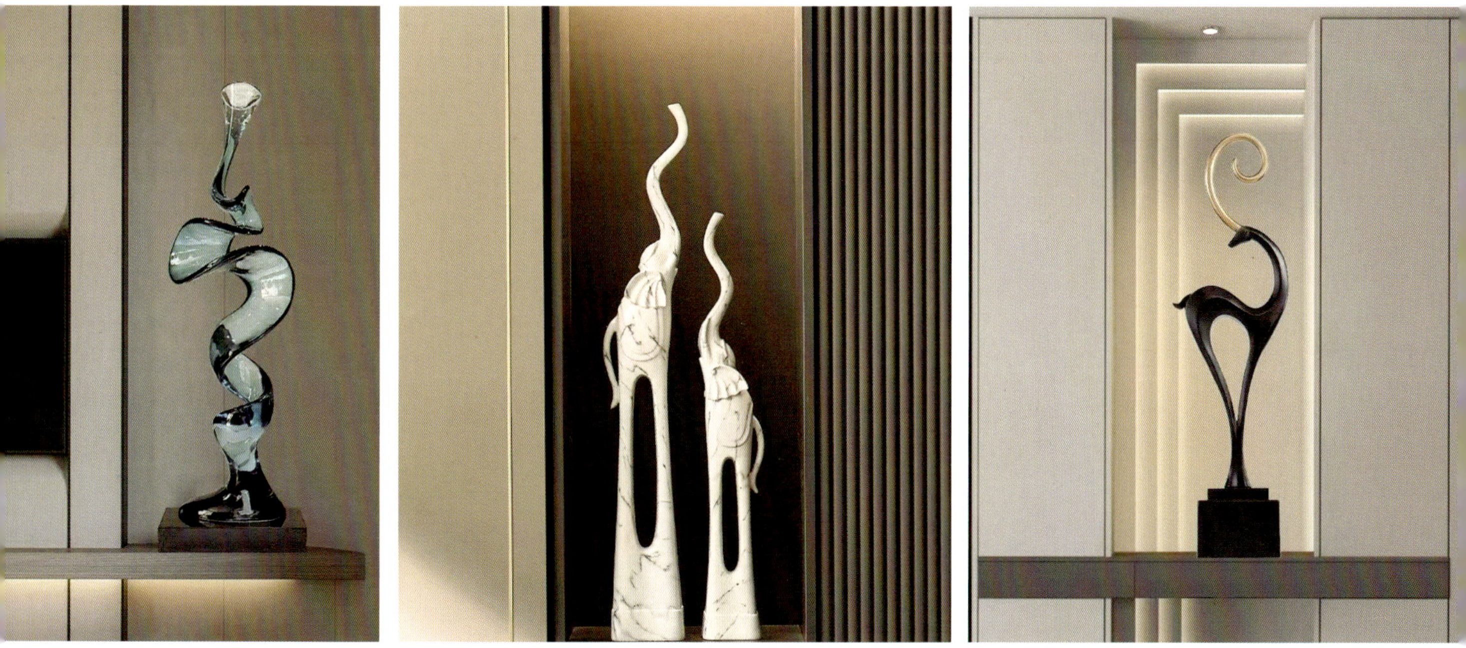

▲ 客房摆件

▲ 公共区域摆件

▲ 大堂雕塑摆件

（5）绿植花艺

▲ 以弧形和绿色元素为主题，每一个角落都充满生机，让人感觉宁静而放松

▲ 绿植布景给酒店环境增加了自然、休闲的舒适感

▲ 花艺的设计给酒店空间增加了色彩和情趣

3. 设计整合——空间搭配

①大堂。酒店的大堂是客人办理入住与离店手续的场所，是客人通向客房及酒店其他主要公共空间的交通中心和必经之地，是整个酒店的枢纽，其设计、布局及所营造出的独特氛围会给客人留下第一印象，将直接影响酒店的形象及其本身功能的发挥。因此，大堂的软装设计一定要大气。

▲ 酒店大堂

②餐厅组区。该组区包括大型宴会厅(多数酒店中与大型会议厅共用，使用人数在500人以上)、中餐厅(喜宴厅)、西餐厅、特色餐厅、民族餐厅、小餐厅及相应的包间。

▶ 宴会厅

▲ 西餐厅

▲ 中餐厅

▲ 特色餐厅

③酒吧。星级酒店常设有咖啡厅、茶道室、酒水厅等相应的服务间。多数星级酒店还在这个组区设有小型表演舞台及相应的演艺人员化妆间、服装道具寄存间和休息间。

④会议组区。该组区包括会议中心及相应的大型会议厅（多数酒店中与大型宴会厅共用，使用人数在500人以上）、大型会议室、中小型会议室、多功能厅、同声传译间、卫生间，以及提供与此相关的服务和设备的服务人员室、仓库、设备间、DJ间。

▲ 酒吧

▲ 咖啡厅

⑤客房组区。客房组区包括标准双床间、单人间、双套房、三间套房、高级豪华套房、商务套房、高级商务套房、总统套房、特色主题套房、客房服务人员用房、杂物间、布草间、货物通道和公共浴厕等。特别需要注意的是，星级较高的酒店往往还会划分普通客房区、特色客房区和高级客房区；在特色或高级客房区设有小型俱乐部等活动场所。

▲ 会议厅

▲ 酒店客房

▲ 酒店套房睡眠区

▲ 酒店套房会客区

⑥泳池康体组区。该组区是酒店服务质量的重要体现。该组区包括影视厅、剧院、歌舞中心、电子游戏厅、洗浴中心(包括足疗房、桑拿房及蒸汽室)、体育中心及健身中心。体育中心设有台球室、羽毛球厅、保龄球房、壁球房、沙狐球室、网球室、篮球室、排球室、高尔夫球场及游泳池。健身中心也广受客人欢迎，健身中心设有运动器械健身室、瑜伽房、舞蹈健身室等。此外，该组区还设有棋牌活动中心、私人俱乐部及相应的服务人员用房、仓库、卫生间等。

▲ 健身中心

▲ 洗浴中心

▲ 游泳池

▲ 桑拿房

项目实施

项目：天津万达索菲特酒店

概念方案：CCD

1. 封面

▲ 酒店软装设计图集

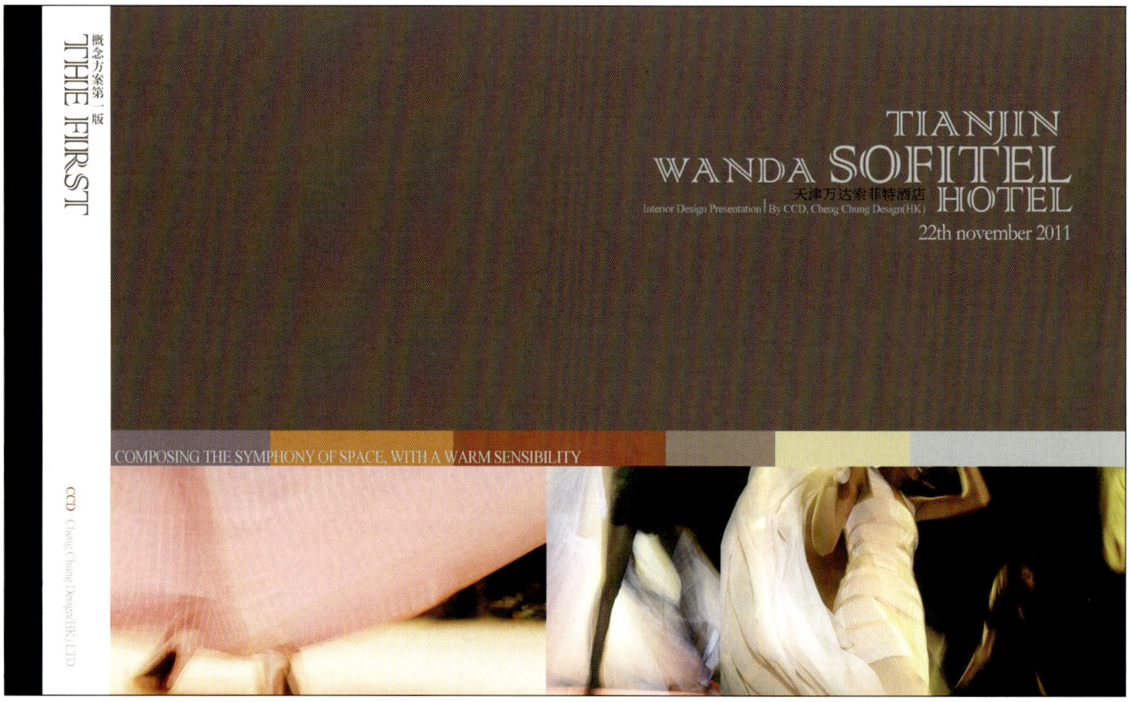

2. 目录

CONTENTS
目录

01 项目定位
02 元素提炼
03 大堂
04 餐厅
05 宴会厅
06 贵宾接待厅
07 泳池康体组区
08 客房

3. 项目定位

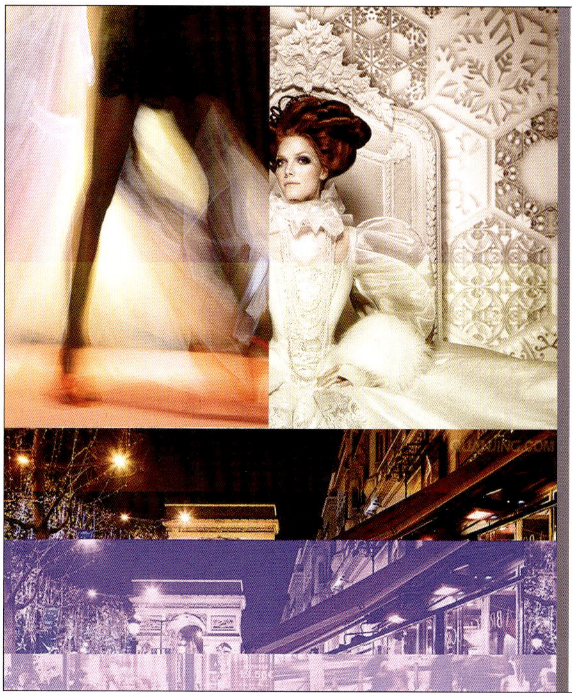

法国的时尚与浪漫

FRENCH FASHION AND ROMANCE

这是一个具有深厚文化底蕴，集传统与现代、浪漫与时尚于一体的国度

她地处欧洲的十字路口……

她拥有全世界最具魅力的城市……

她拥有全世界最美丽的黄金海岸……

她可以让全世界喝到最顶级的葡萄酒……

她是世界的时尚浪漫之都……

法国像是一部令人回味的戏剧，即使看了一遍，仍让人想再次细赏。

法国的浪漫、法国的艺术气息……都是无比诱人的元素。

人们对法国的向往，一半来自她的浪漫，另一半便来自她的时尚。法国一直以来都表现出对创造与想象的情有独钟。

4. 元素提炼

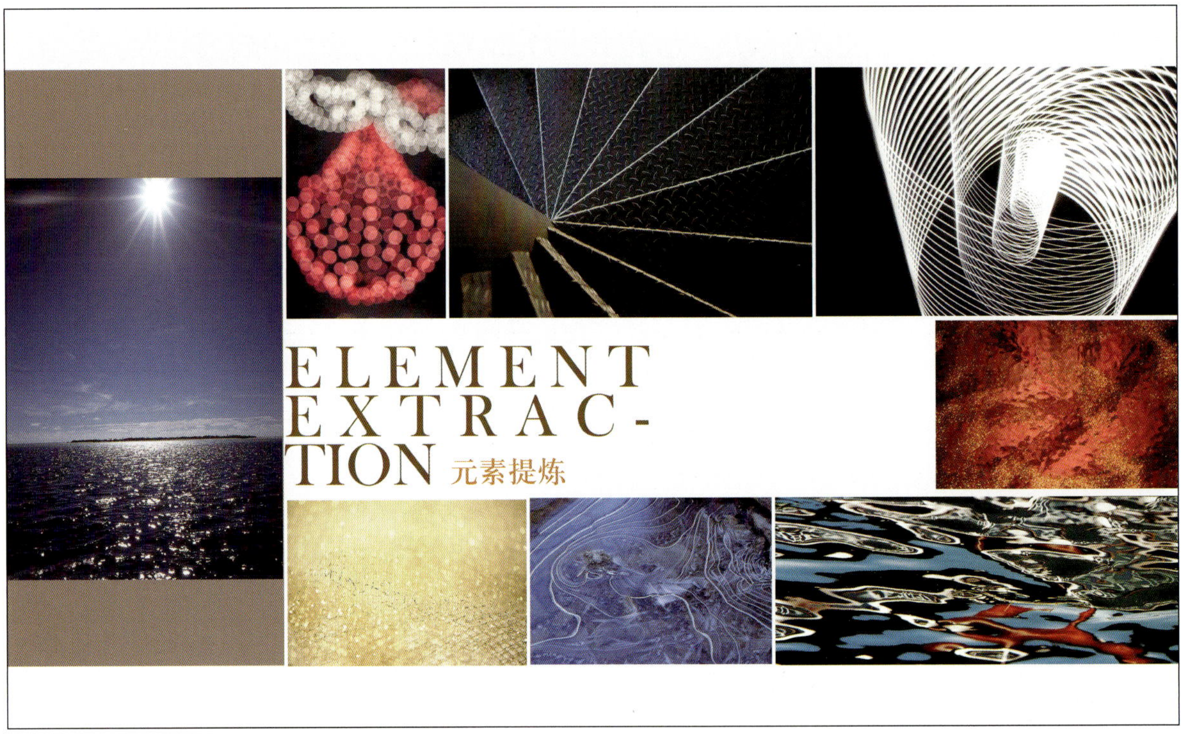

5. 各空间软装方案设计

各空间需根据整体风格进行软装元素搭配。

（1）大堂

▲ 大堂空间概念

▲ 大堂家具、艺术品搭配

▲ 大堂装饰材料

▲ 大堂空间效果图

（2）餐厅

▲ 餐厅效果图

▲ 餐厅装饰材料

（3）宴会厅

▲ 宴会厅空间概念

▲ 宴会厅家具、艺术品搭配

▲ 宴会厅装饰材料

▲ 宴会厅效果图

（4）贵宾接待厅

▲ 贵宾接待厅空间概念

▲ 贵宾接待厅家具、艺术品搭配

▲ 贵宾接待厅装饰材料

▲ 贵宾接待厅效果图

（5）泳池康体组区

▲ 泳池康体组区空间概念

▲ 泳池康体组区家具、艺术品搭配

▲ 泳池康体组区装饰材料

▲ 泳池效果图

（6）客房

▲ 客房空间概念

▲ 客房家具、艺术品搭配

▲ 客房装饰材料

▲ 客房效果图

▲ 客房卫生间空间概念

▲ 客房卫生间效果图

项目二
咖啡厅软装设计

项目分析

咖啡厅的种类越来越多，如科技型、工业风、生态型、商务型、侘寂型、奶油现代型、自然型、复古型、民族型等，可以满足不同消费人群的需求。咖啡厅的消费在很大程度上是一种感性的文化层次上的消费，要实现文化的沟通，咖啡店所营造的环境就要能够感染顾客，并使顾客产生良好的互动体验。

◀ 科技型咖啡厅

▲ 工业风咖啡厅

▲ 生态型咖啡厅

▲ 商务型咖啡厅

▲ 侘寂型咖啡厅

▲ 奶油现代型咖啡厅

▲ 原木自然型咖啡厅

▲ 美式复古型咖啡厅

▲ 民族型咖啡厅

知识要点

1. 设计之源——咖啡文化

“咖啡”一词源自希腊语Kaweh，意思是力量与热情。咖啡文化源远流长，历史长河沉淀了世界咖啡文化深厚的底蕴，各国咖啡文化更是缤纷多彩。在世界各地，人们越来越爱喝咖啡。如今咖啡已成了许多人的生活必需品，很多时候发挥着社会润滑剂的作用，它逐渐与时尚、现代生活联系在一起，形成了独特的文化。

2. 设计工具——软装元素

①家具。咖啡厅的家具应围绕整体定位来选择。软装设计师应根据不同区域的局部设定来选择相应的家具，包厢和卡座一般可选择舒适度较高的座椅。

▲ 科技型、工业风咖啡厅家具

▲ 奶油现代型咖啡厅家具

◀ 轻奢类咖啡厅家具

◀ 现代简约型咖啡厅家具

◀ 复古型咖啡厅家具

②灯具。咖啡厅是一个休闲娱乐的场所，在这里人们可以放松心情，所以咖啡厅的灯具尤为重要。灯具一般应与整体风格相协调，可以选择较为个性化、能营造氛围、具有情调的创意产品。

▲ 吊灯的魅力在于它总是能恰到好处地渲染空间氛围

▲ 线型灯和吊灯组合，使空间简洁时尚，氛围感十足

③饰品。富有主题特色的饰品能体现整个空间的整体性。例如，做旧风格的电话机、相机、放映机、老爷车、煤油灯等都是复古型咖啡厅的常见饰品，而太空系列产品、暴力熊等饰品通常陈设于科技型咖啡厅中。

▲ 工业复古类饰品

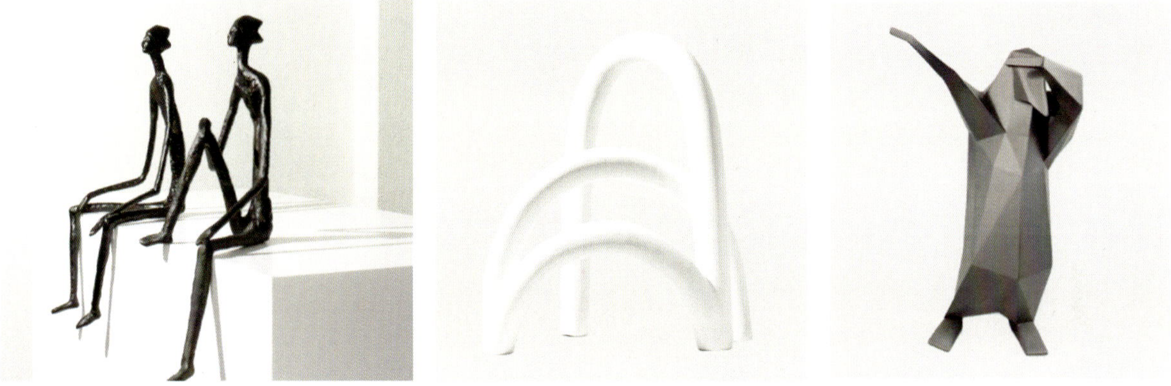

▲ 现代简约类饰品

④餐具。餐具的选择也是咖啡厅软装设计中很重要的一项内容。餐具的格调影响着顾客用餐时的心情，故软装设计师应注重餐具的质感、颜色、造型、风格等，定制或选择一套贴合主题、有特色的餐具。

▲ 造型简洁、色彩明快的咖啡杯，使人感到轻松愉悦

⑤企业文化类产品。这类产品主要有Logo、菜单、宣传单、抵用券、VIP卡、糖包、杯垫、吸管套、杯套、打包袋及背景墙等，其是企业文化的体现。

▲ 咖啡厅文化类产品

项目实施

项目：义乌“M.s”咖啡店室内设计

作者：冯乐梅　余小彤

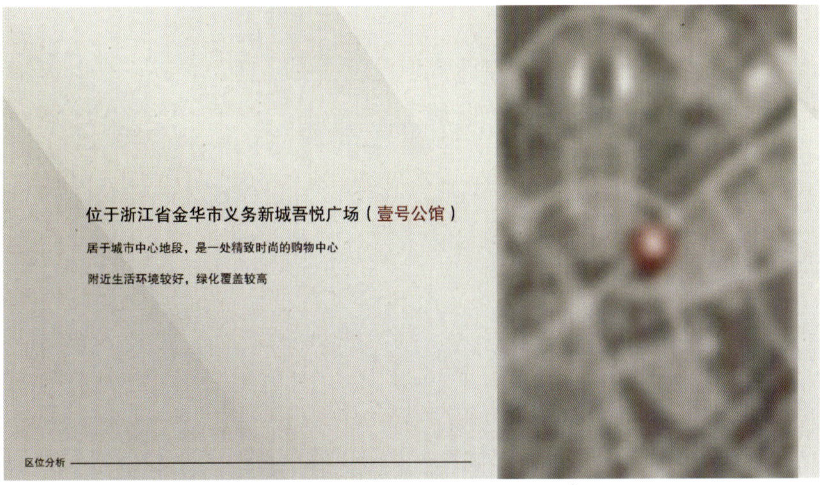

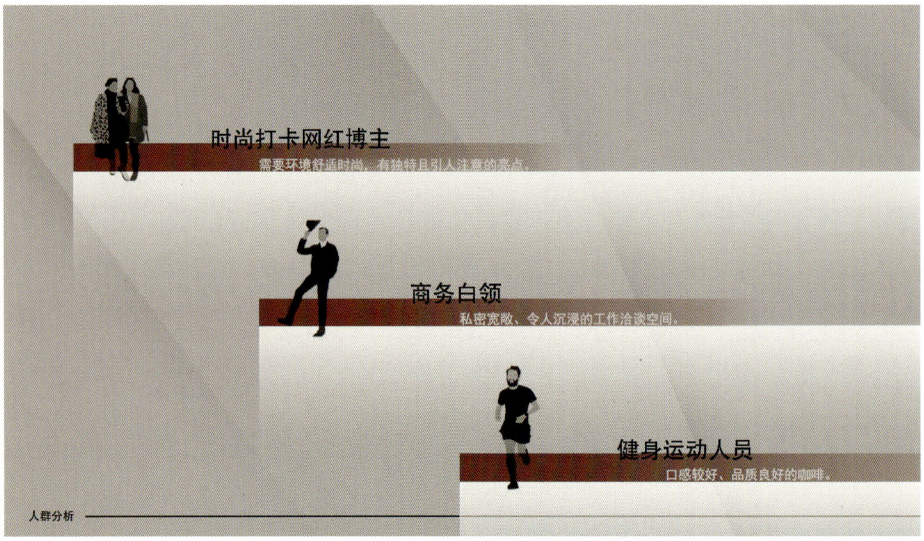
时尚打卡网红博主
需要环境舒适时尚，有独特且引人注意的亮点。
商务白领
私密宽敞、令人沉浸的工作洽谈空间。
健身运动人员
口感较好、品质良好的咖啡。
人群分析

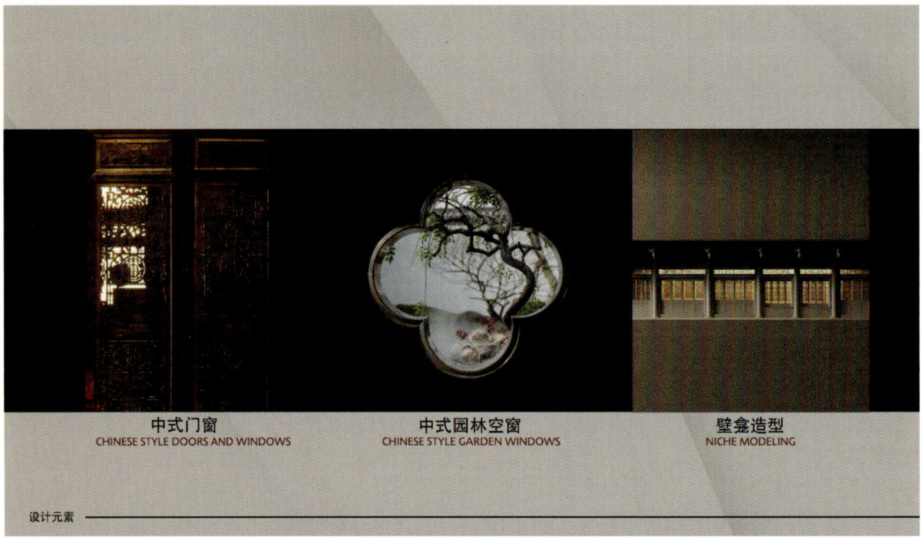
中式门窗
CHINESE STYLE DOORS AND WINDOWS
中式园林空窗
CHINESE STYLE GARDEN WINDOWS
壁龛造型
NICHE MODELING
设计元素

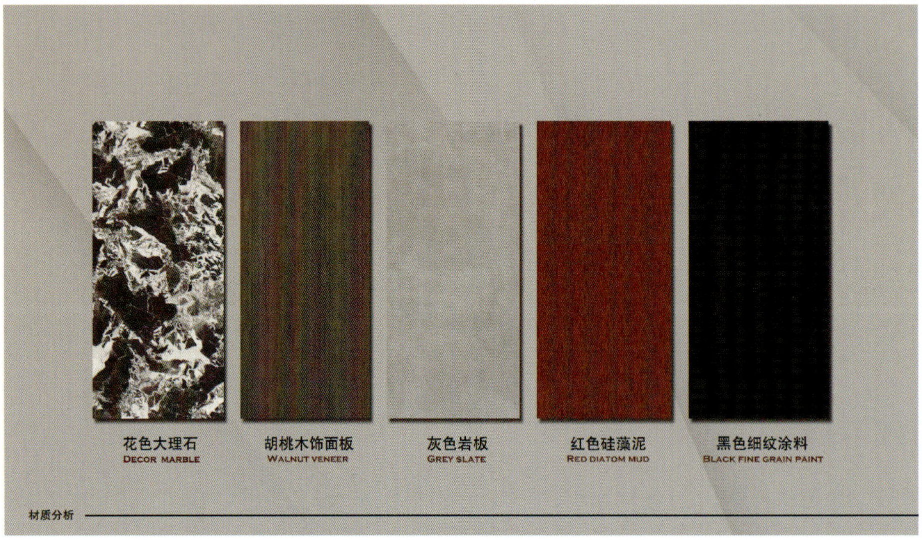
花色大理石
DECOR MARBLE
胡桃木饰面板
WALNUT VENEER
灰色岩板
GREY SLATE
红色硅藻泥
RED DIATOM MUD
黑色细纹涂料
BLACK FINE GRAIN PAINT
材质分析

大面积黑色与红色进行搭配,融入些灰色
红黑这两个极端色，红色代表着生命、原始的激情、张扬的活力和永不停歇的胜利欲望，黑色代表着雄厚肃穆的威严
两者的碰撞——温馨与孤独，再搭配木色调让空间色彩更加通透、自然。
色彩分析

“新” 与 “旧”
现代极简与传统进行融合
MODERN AND TRADITIONAL
主题定位

简约复古
现代人快节奏、满负荷的工作和生活，让人身心俱疲。人们在这日趋繁忙的生活中，渴望得到
一种能彻底放松、以简洁和纯净来调节、转换精神的空间，这是人们在互补意识支配下，所产
生的亟欲摆脱烦琐、复杂，追求简单和自然的心理。
以简洁的表现形式来满足人们对空间环境的需求，融入中式元素，去繁从简，既有中式风格的
气质，也符合现代审美，秉持“传承不守旧，创新不忘本”的理念。
风格定位

M.S COFFEE
把生活调成自己喜欢的频道，或苦或甜，都好
M.s
LOGO

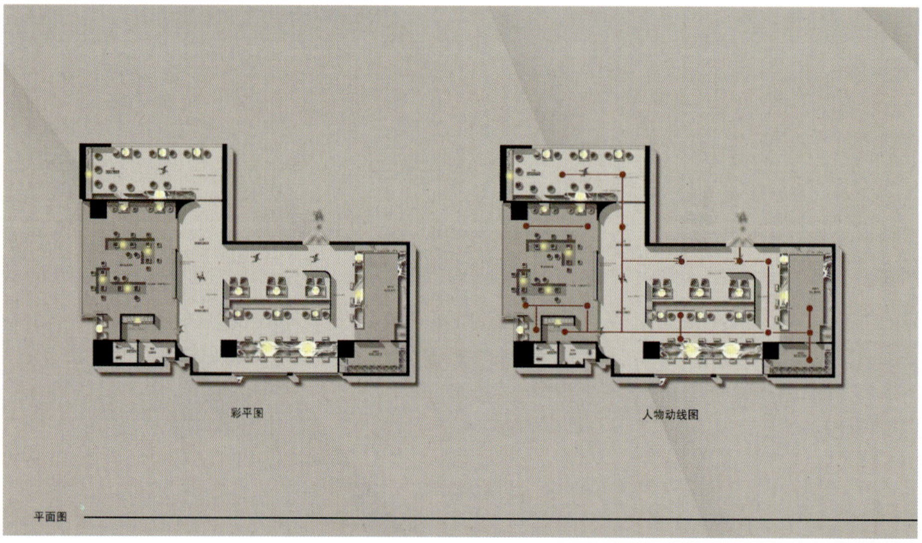
彩平图
人物动线图
平面图

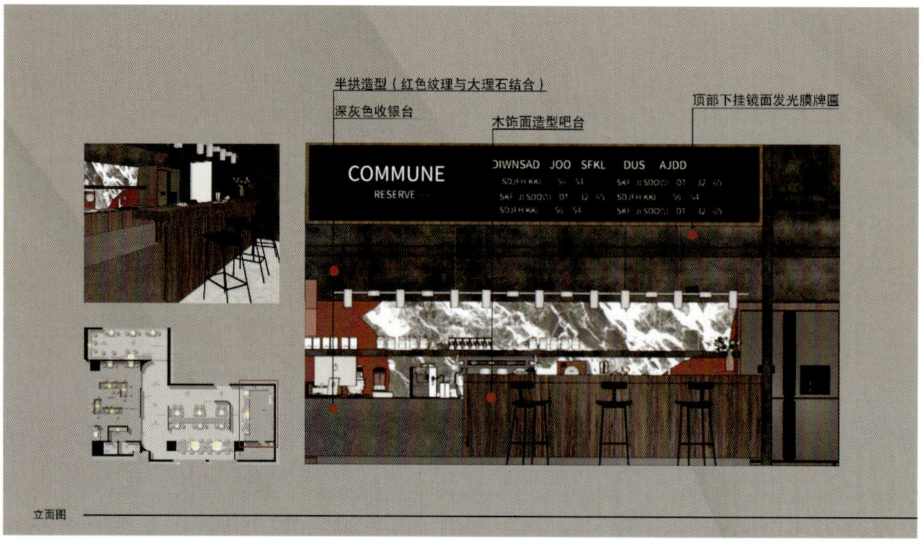
半拱造型（红色纹理与大理石结合）
深灰色收银台
木饰面造型吧台
顶部下挂镜面发光膜牌匾
COMMUNE
RESERVE
DIWNSAD JOO SFKL DUS AJDD
立面图

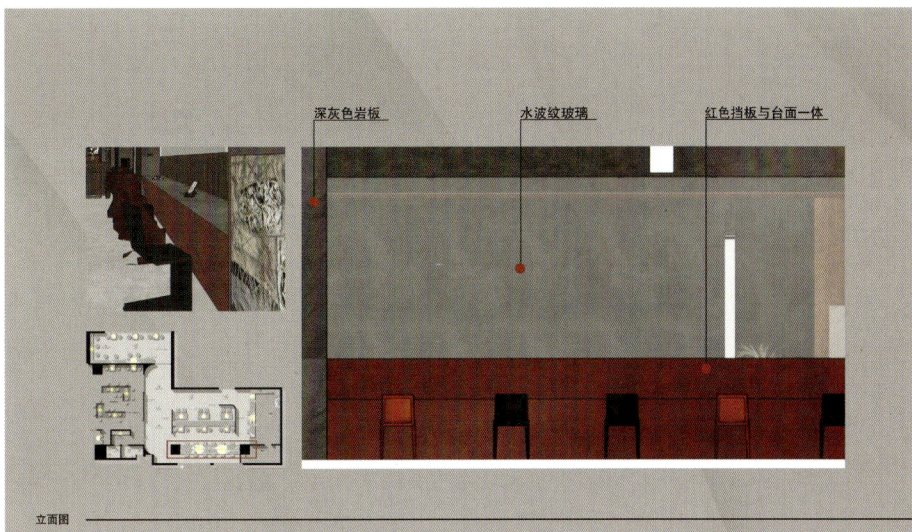

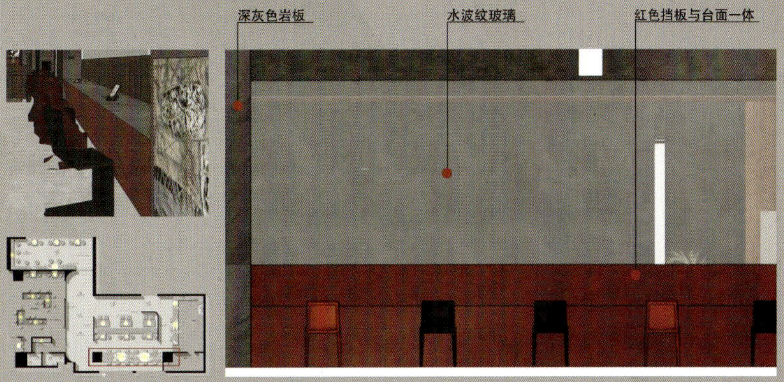
深灰色岩板
水波纹玻璃
红色挡板与台面一体

立面图

M.S CAFFEE

效果图

COMMUNE
RESERVE
DIWNSAD JOO SFKL DUS AJDD
吧台
BAR COUNTER

效果图

多人休闲区
LEISURE AREA
效果图

下沉区
SINKING AREA
效果图

SOFT OUTFIT DESIGN
TOILET 卫生间
NEW INTERPRETATIONS
OF CLASSIC DESIGNS
AND ORGANIC
MATERIALS RESULT
IN TRUE CREATIVE
INSPIRATION.
软装搭配

SOFT OUTFIT DESIGN
SUNKEN AREA 下沉式区域
软装搭配

SOFT OUTFIT DESIGN
CASUALGLAM
SEMI OPEN LEISURE AREA 半开放式休闲区
软装搭配

SOFT OUTFIT DESIGN
COMMUNE
PRODUCTION AREA AND BAR COUNTER 制作区域兼吧台
软装搭配

SOFT OUTFIT DESIGN
MULTI PERSON LEISURE AREA 多人休闲区域
软装搭配

SOFT OUTFIT DESIGN
MULTI PERSON LEISURE AREA 多人休闲区域
软装搭配

SOFT OUTFIT DESIGN
MINIMAL
M
MODERN
SUNKEN AREA 下沉式区域
软装搭配

SOFT OUTFIT DESIGN
NEW INTERPRETATIONS
OF CLASSIC DESIGNS
AND ORGANIC
MATERIALS RESULT
IN TRUE CREATIVE
INSPIRATION.
TOILET 卫生间
软装搭配

软装单品

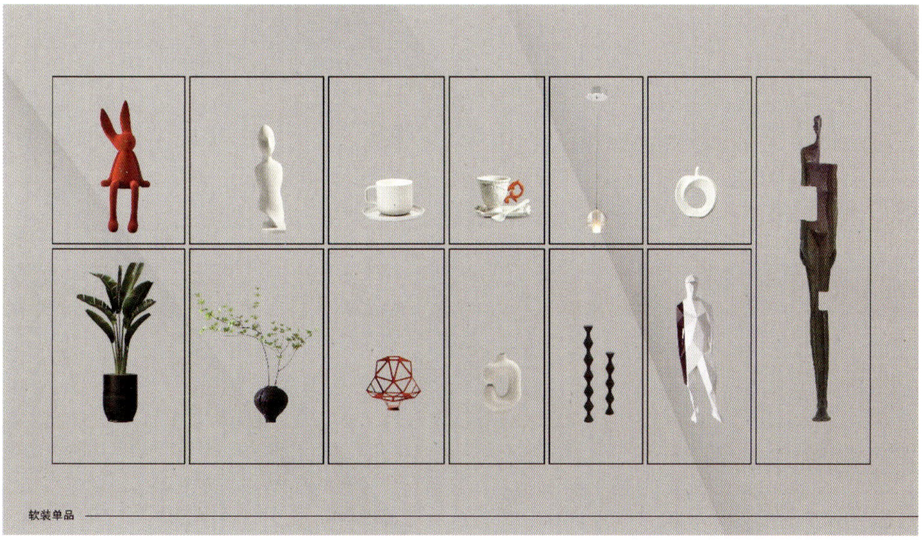
软装单品

餐具设计

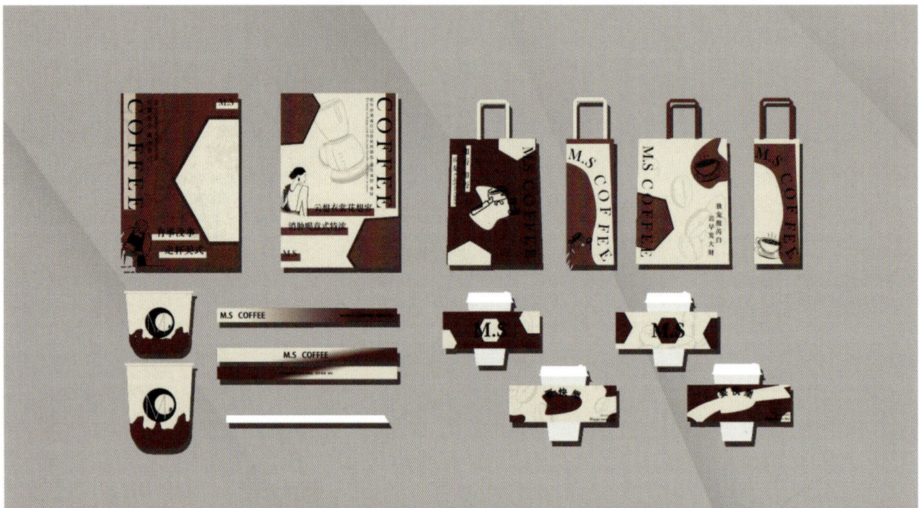

包装设计

菜单设计